JN308957

愛犬のための

ガンが逃げていく食事と生活

講談社

はじめに

●突然のがん宣告にどう対処したらいいのか？

当院では「うちの愛犬が『がん』と診断されました。三大療法（抗がん剤、放射線、手術）をすすめられましたが、過去の経験から非常に心理的な抵抗を感じています。何か他に方法はないでしょうか？」というご相談を多く受けます。

三大療法は非常に身体への侵襲性が高く、受ければ必ず治るという治療では必ずしも無いため、飼い主さんの中には非常に戸惑いを感じられる方もいらっしゃるようです。たとえ現在の動物医療で主流とはいえ、獣医学はまだ解明されていない領域が多いうえ、医学では、定説の書き換えは珍しいことではありません。実際多くの獣医師が「もっと効果的かつ身体を傷つけずに治せる方法はないか？」と毎日の診療に真剣に取り組んでいます。

一方で、代替医療は最近注目されており、欧米でも受診する方が増えてきていますが、科学的根拠が十分に揃っているかというと、必ずしもそうとは断言できません。現在、世界中で検証が進められている段階ですが、従来の自然科学の手法が通用しにくいため、なかなか検証が進まないのも事実です。

科学的な視点からすると、絶対的な否定でもなく、信仰的な盲信もせず、ありのままの事実を冷静かつ論理的に観察する態度が重要です。その一方で、「可能性があるなら、何でもいいから『よいと思われるもの』は試したい」という飼い主さんの強い思いも理解できます。

●有効ならば選択肢は多い方がいい

現在、残念ながら世の中に万能の方法はありません。ましてがん・腫瘍は複数の原因が複雑に絡み合って成立する疾患ですから、「●●をすれば、●●を食べれば治る」という単純なものではありません。「条件が変われば結果が変わる」という科学の大前提のとおり、個々のケースで取り組むべきことは変わってきます。このような場合、できるだけ多くの「有効と思われる選択肢」を持つことが、問題解決のポイントになります。

私はこれまで愛犬の食事「手作り食」に関する本を書かせていただきました。以前は「ドッグフード以外のものを食べたら病気になる」という極端な意見が多かったのですが、「手作り食もあり」という風潮になってきたことは、処女作を上梓した頃を考えると隔世の感があります。

しかし、食事と病気の関係を十年ほど追求してきた経験から、食事の改善「だけ」では限界があるのもよくわかっています。「がん」が発症した原因が何であるかをつきとめ、様々な対処をする必要があるのです。では、悩める飼い主さんはどうしたらいいのでしょうか？

愛犬に対する突然のがん・腫瘍宣告に戸惑う飼い主さんは「私はこの子に何をしてあげたらいいのか？」と情報収集を急がれますが、焦るあまり、適切ではない情報を信じてしまう方も少なくありません。当院の診療では、悩める飼い主さんに、各種療法の長所短所をご説明し、納得いく方針を選択するお手伝いをさせていただいています。この本では、スペースが許す限り、実際の診療で機能したことを書かせていただきました。

「愛犬を助けたい」という真剣な願望をお持ちの飼い主さんに、希望が見いだせる選択肢の一つとしてお読みいただければ幸いです。

「がん」は怖いものではなく、デトックスのサイン

●体内汚染と体力低下は、がん細胞を増殖させる

当院で「がん」の原因として重要視しているのは、体内汚染と体力の低下です。体内汚染というのは、化学物質による食材や加工食品の汚染、薬物の多量摂取によるものです。体内に、これらの汚染源が限界量を超えて蓄積されると、交感神経の異常緊張が続いて顆粒球が活性化し、それによって活性酸素の大量発生が起こり、組織破壊が起こります。結果、免疫力は低下していきます。

「がん」は体にたまった汚染物質を体外に排出しようとするサインです。健康な犬の体でも毎日がん細胞はできているのですが、免疫力が勝っているときには「がん」は発症しません。また、現代の生活で汚染源をゼロにすることは、まず不可能です。ですから、自律神経のバランスをととのえて病気に強い体づくりをすることが重要です。しかしながら、肝臓が弱っていたり、化学物質を体の解毒処理能力を超えて多量に取り入れてしまうと、処理が追いつかなくなってしまい「がん」が発症することとなります。

●汚染源の種類

汚染物質にはどのようなものがあるか、お話ししましょう。まず、農薬や防腐剤。その他食材に含まれる重金属などがあります。

生活環境などによっては、細菌、ウイルス、寄生虫、かび、原虫といった病原体が強すぎるという場合も考えられます。

体力の低下については、水分の摂取不足によって脱水症状が起こっているために起こるケースが非常に多いです。

ドライフードから手作り食に切り替えて病状がよくなるという子が多いのですが、それのもっとも大きな要因は水分摂取が増えたことだと考えています。もちろん、栄養状態がよくなったということもあります。

栄養状態の不良というのは、食べ過ぎの状態、もしくは何かが不足している状態、食材の質が悪い場合に起こります。

食材の質とは、食事は、とにかくおなかがいっぱいになればいい、何か食べればいいというものではないということです。汚染物質が最小限であり、栄養のバランスがとれていることがたいせつです。

●精神的ストレスも、「がん」の要因

また、精神的ストレスというのは非常に大きな要因となります。ストレスが大きくなると、当然、交感神経が緊張して、免疫力の低下につながっていきます。

犬のストレスには、しつけの問題もからんできます。いろいろなものに対してあまりビクビクしないように育ててあげればよいのですが、何かを無理強いしたり、新しいものを怖がってしまう性格だと精神的ストレスはどうしても大きくなってしまいます。

そして免疫力の低下についてですが、免疫力が低下すると、抗体産生をするBリンパ球と、がん細胞などの異常細胞を破壊してくれるTリンパ球が弱り、がん細胞の増殖につながる顆粒球が増えてしまいます。この状態になると、がん細胞発生のループが始まり、がん細胞の増殖が加速度的に増していきます。

「がん」は原因を取り除けば、自然と小さくなる

●なぜ、「がん」になったかを考える

飼い主さんにとって、患部が腫れているというのは、ものすごく気になるし、重要視することです。しかし、腫れている原因を取り除かなければ、治ったことにはなりません。

「がん」を治療するうえで、非常に大事なことは、現象として起こった形状変化が、なぜ起きたのかを考えることです。

●現代医療の現状

1　検査　画像検査
2　手術　病巣部の切除
3　抗がん剤、放射線治療
4　病巣部が大きい場合は、3を行って患部を小さくしたのち、2を行なう。

この現代医療における治療法の主眼点は、『がん』という病巣をいかにたたきつぶすか」です。つまり、何故がんになってしまったのかという原因は一切考えようとはしていません。これではがん体質は治らず、再発のリスクが減りません。

何よりも、三大療法は免疫力を低下させ、犬の体に非常に負担をかけます。

●負担が大きい理由

手術は病巣以外にも、そこに通じる神経、血管も切ります。そのことによって抵抗力は低下します。なぜか。血管を通じてリンパ球は流れてきますが、血管を切るということはその流れを遮断しますから、そこから先に流れにくくなります。血管が再生してできるまで、待たなくてはならないということです。

神経を切ってしまうと、がん細胞と闘うリンパ球などの免疫細胞に指令が届かなくなります。つまり、リンパ球供給とコントロールの両方ができなくなります。

●抗がん剤と放射線療法について

抗がん剤はたしかにがん細胞もたたくかもしれませんが、健康な細胞で増殖のスピードが早い細胞全てを攻撃してしまいます。したがって毛根細胞、腸粘膜細胞、骨髄細胞などもやられます。

副作用として、脱毛、血便、嘔吐、下痢、免疫担当細胞の産生の低下がみられます。連鎖反応として、免疫力は低下し、解毒作用をフルに使わなければならなくなるため、肝細胞にもダメージを与えます。

放射線療法は、放射線を照射することで周辺の組織がダメージを受けます。すると、組織破壊が起こり、活性酸素の産生が活発になり、さらに組織破壊が起こり、これがどんどん広がって悪循環に陥っていきます。

●現代医療の問題点

「がん」になるというのは、原因があっての結果ですから、「がん」を起こす要因として食事内容や免疫力についても着目すべきだと考えます。しかしながら現代医療は、免疫力そのものの低下や処理能力を上回る感染など、犬の個体差や体の条件が考慮されていません。

腫瘍や痛みを取り除くという意味では、現代医療は有益です。しかし、目に見える現象は取り除いたけれど、原因は取り除いていないわけですから、再発するのはやむなしというわけです。

がん治療は、その子に合わせて原因究明を

●1つ1つの症例から学んでいくしかない。

「がん」は、様々な原因がからみあったうえで発症するものです。飼い主さんは、「切ったら治る」、「放射線を照射すれば腫瘍が小さくなる」というイメージが大変強いようですが、それほど単純なものではありません。

1例ずつ、なぜ治ったのかを考えなければなりません。他の子の症例は、参考程度になってもあなたの愛犬の治療法の絶対的な答えにはならないということを理解していただきたいのです。

●ドライフードよりも手作り食がおすすめ

今まで当院でがん治療をした子たちは数多くいますが、治った子たちに特化して考えますと、1栄養療法、2デトックス治療、3免疫強化治療をがん治療の3本柱にしています。

栄養療法のポイントは、肉・卵・牛乳などの動物性食品のみに偏らず、野菜、きのこ、海藻のように食物繊維が豊富な食材で、消化管を長く刺激して副交感神経に作用することが重要です。

また、食べさせすぎないことも重要です。少食にすると自律神経のバランスが整うので、必然的に免疫力が高まります。

サプリメントはいろいろありますが、活性酸素を除去するサプリメントが効果的でした。

このほか、当院の飼い主さんたちは勉強熱心な方が多いので、薬膳も取り入れました。

●デトックスと免疫力の強化

デトックスについてですが、あまり質のよくないドライフードを長く食べ続けていると、化学物質や重金属の蓄積が多くなると思われますので、手作り食などに切り替えるのがおすすめです。

手作り食や生食は、水分摂取量が増えてオシッコの量も増えるので、体内の老廃物が排泄されやすくなる効果もあります。しかも泌尿器を刺激し、消化を促す水分は副交感神経の働きを活性化させます。

ただし、水分の摂り過ぎは胃酸を薄めて消化不良を起こしてしまうこともあるので、何事もやりすぎは禁物です。

デトックスと免疫力アップをどちらも兼ね備えた優秀な食材は、野菜・果物・海藻などです。食物繊維には農薬などの不要な物質や過酸化脂質をあつめて便とともに排出し、体内の毒素をデトックスする働きがあります。結果、腸内の善玉菌が増え、免疫力アップにもつながります。

玄米や小魚、豆、種実のように食品を丸ごと食べるのも、ひとつの命を維持する栄養素がつまっているので部分食品では得られない免疫力アップ効果を得ることができます。

その他28ページ～に免疫力をアップするのに効果的といわれる食材やレシピを紹介していますのでご参考になさってみてください。とはいえ、必要以上に食事に神経質になるのは考えものです。

「朝は根菜が足りなかったから、夕食にプラスしよう」と融通を効かせ、何がなんでもという姿勢はやめましょう。

作り置きしたごはんは冷蔵庫から出して冷たいまま与えるのではなく、レンジでチンしたり、湯せんで温めてから与えましょう。なぜなら体温が下がると免疫力も低下してしまうからです。そんな少しの工夫が、愛犬のがん体質を少しずつ変えていってくれるのです。

愛犬のがん治療のために、飼い主さんができること

●愛犬の様子をよくみてください

愛犬のがん治療のために、飼い主さんができることは大別すると、次の４つです。

1　日頃の体調チェック
2　飼い主さんがリラックスする
3　運動療法
4　食事療法

1は日常の様子を見たり、触ったりすることが大切です。そのときのポイントをお話しましょう。

「がん」は体に汚染物質がたまったり、精神的なストレス、粘膜などから感染が主たる原因です。サインとして始めに現れる症状は、涙、目やに、鼻水、耳垢が増えたり、ワックス状の耳垢が出るなど。その他、口臭がひどくなったり、歯肉炎が起きたり、尿道に炎症が起こり、尿が出にくくなったりします。

胃粘膜、腸粘膜などの消化器への感染し、荒れてくると、胃の場合は嘔吐、腸の場合は下痢や血便などの症状がでます。

●触るときのポイント

触るポイントで重要なのは、リンパ節です。犬の主要なリンパ節はお腹、わきの下、胸、股のつけ根、あご下にあります。正常時は触ってもわかりませんが、異常や感染があると腫れてきますから触ればわかります。

見て、触って、「おかしい」と思ったら、きちんと相談できる動物病院や獣医師を日頃から確保しておくことも大切です。

●飼い主さんがリラックスすることが大事

2の「飼い主さんがリラックスする」ということは、非常に大事です。飼い主さんの不安は犬に伝わりますから、体調に悪影響を及ぼします。

また、飼い主さんが「がん」という病気や治療に不安を抱くことで、治療そのものがまっとうできなくなることも少なくありません。正しく「がん」を知ること、相談できるところを持っていることで不安は解消します。

呼吸法は、ぜひ飼い主さんに取り入れていただきたいことです。深くゆっくり呼吸をしながら健全な思考をイメージします。健全思考とは現実的で、前向き、希望を持ち、執着を捨てるというものです。これは、簡単にいえば、最善を尽くすが、結果はそのまま受け入れるということです。

飼い主さんの多くは、「これ以上進行したらどうしよう」という悪いイメージを持ってしまいがちですが、必要以上に悪い状態を思い描いてみても、なにもよいことは起こらないのだと覚えておいていただきたいのです。

●「がん」になっても、運動してかまわない

3の運動療法の目的は、血行促進はもちろんですが、体力の維持、強化と犬がリラックスすることも含まれます。リラックスすることによって、副交感神経が優位な状態になり、がん細胞を抑制するリンパ球が活性化してくるというわけです。

一緒に遊ぶことも、運動療法の1つと考えてください。体力の強化は散歩で行います。

「『がん』になったら安静にしなければならない」と考えている飼い主さんが少なからずいらっしゃいますが、決してそんなことはありません。元気だったら普通に生活させてください。

いったん、体をなまらせてしまうと体力が落ちてしまい、戻れるものも戻れなくなるということがあります。

●おいしい食事でデトックスが基本

最後は、4の食事療法についてです。

「がん」を発症した原因は、体内汚染や精神的ストレスなど様々考えられますが、偏った食事を見直すことはがん改善の重要なポイントになります。

食事は免疫力アップに深い関係があります。ただし何を食べても免疫力がアップするわけではなく、マグネシウムやカルシウム、カリウムなどのミネラルが副交感神経を優位にし、免疫力をアップします。これらのミネラルを含むものは、玄米、海藻、野菜など食物繊維をたっぷりと含むものです。

カリウムや食物繊維には、体にたまった毒素を体外に排出するデトックス効果もあり、「がん」を発症しているデリケートな状態の子や、がん予防には欠かせないものです。

食べ物の命を丸ごといただく「全体食品」に分類される玄米をはじめ、海藻、野菜、きのこなどは、食物繊維をバランスよくとれる優れた食材です。ぜひ毎日の食事に取り入れましょう。

ただし食事にこだわりすぎるのはトラブルのもとです。いくら体によくても、「決めた通りに絶対にしなくては!!」と自らに厳しいノルマを課してしまうと、せっかくの楽しい食事がストレスになってしまいます。なによりも、気楽に続けることが免疫力アップのポイントです。

食事には泌尿器を刺激し、消化を促す水分をたっぷり加えて、副交感神経の働きを活性化し、デトックスも積極的に行いましょう。そうは言っても、やたら水だけを大量に飲めるものではありません。魚やきのこなど具沢山のおじやに水分を加えてダシが効いた状態で与えることをおすすめします。

ただし水分のとりすぎは胃酸を薄めて消化不良を起こしてしまうこともあるので、水分量の目安は44ページからのレシピを参考になさってください。

●ごく基礎的な栄養学を知っておこう

そして飼い主さんには、かんたんな栄養学を身につけてほしいと思います。日本人は義務教育の中で、ある程度、健康を維持するための食事ということを学んできています。実行できるかは別として、「この食事をとり続けたら、体に悪いな」という感覚は諸外国の方に較べて、ちゃんと育っています。これは、外国の獣医師からもよくいわれることで、日本人が誇るべきことだと思います。治療をしていると、「なにを食べさせたらいいですか、どんな栄養素を摂ったらいいんですか」という質問を非常に多く受けますが、治療食には、すべての栄養素がまんべんなく必要なのです。

ただし、長年にわたって加工食品を食べていた子は、食事の水分量不足から、本来体の外に排出すべき老廃物が体内に溜まっている可能性があります。正常な新陳代謝を取り戻すためにも、まずはたっぷりの水分が入った手づくりごはんを与えることをおすすめします。

また、「免疫力の強化にはβ-グルカンがいい」とよくいわれますが、あえてサプリメントで摂取する必要はありません。「食事にはたっぷりのキノコを入れよう」くらいの認識でかまいません。

腸内細菌のバランスを整えるのも免疫力アップには重要なことですが、それにはプレーンヨーグルト(無糖)がオススメです。腸内で悪玉菌の増殖を抑えて便秘も解消してくれます。

愛犬のための

「がん」が逃げていく食事と生活……目次

1章

「がん」が消えていく食事と生活

ごはんを食べると「がん」になるって本当!?

●ごはんを食べても、「がん」にはならない

これはよく質問を受ける話なのですが、どうも、栄養や体の仕組みについて、一部分をかいつまんで学んでしまうと陥りがちな疑問のようです。ですから、栄養や体の仕組みをきちんとご説明しましょう。

結論からいうと、ごはんを食べたからといって、「がん」になると断言することはできません。

私たちの体は、エネルギーを使って活動しているわけですが、普通の細胞は、糖質と脂質を主なエネルギー源にしています。ところが近年、腫瘍細胞は「糖質はエネルギー源にできるけれども、脂質はできない」ということがわかってきました。

このことから、腫瘍細胞をたたくためには、「糖質を摂らずに、腫瘍細胞を俵量攻めにしたらいいじゃないか」という考えが生まれたのです。そこで、食事法として「糖質は極力減らして、健康な細胞にのみエネルギーを供給する脂肪分の多い食事にする」という考え方が生まれたというわけです。

●体の仕組みをきちんと理解すれば怖くない

こう説明されると、「なるほど、そうか」と納得してしまう方が少なくないのですが、体の仕組みというのはもっと複雑にできています。

まず、脳はグルコース、つまり糖質だけをエネルギー源としています。

脳は脂肪をエネルギー源として使えないため、

体は脳に糖質を供給するために、血糖値が一定以下にならないように調整しています。

では、血糖値が低下したらどうするのかというと、肝臓で糖をアミノ酸から新しく作ることになります。原料となるアミノ酸は、体の筋肉を分解してつくり、それを肝臓に送り、肝臓が糖新生を行なって新しく糖を作ることで血糖値を一定にし、脳の健康を維持するのです。

つまり、食事で糖質を供給しなくても、がん細胞は結果的に、糖質をエネルギー源にすることができるということです。

ということは、がん細胞を抑制するためにごはんを食べずに糖質を制限するという説は、意味がないということになります。

安心して、本書でもおすすめしているごはんを毎日の食事に取り入れてください。

●動物病院での一般的ながん処方食

一般の動物病院では、上記の理論から「糖質制限、高タンパク、高脂肪食」が「がん」の処方食の基本となっています。しかしながら、糖質制限があまり意味のないことは上記の説明ですでにご理解いただけたと思います。

加えてもうひとつ。現在ヒトにおけるがんの食事療法で主流となりつつあるものをご紹介しましょう。米国・コーネル大学のT・コリン・キャンベル博士の、発がん動物実験の結果、動物性タンパク、脂肪のとりすぎは、悪玉といわれるLDLコレステロールが増え、結果的に「がん」の危険性を増すことがわかりました。そのため、「がん」を発症している患者さんへの食事療法は動物性タンパク、脂肪を極力摂らないように指導されます。もちろん、動物性タンパクを全てを禁止されるわけでなく、低脂肪の鶏ササミや白身魚(鮭含む)を上手に活用している方が多いようです。

粘膜を強化して感染しても発症しない体づくりを

●粘膜は、病原体の侵入口

粘膜強化は、「がん」の予防、治療において非常に重要です。病原体の侵入経路は、噛まれて傷口から入るなどのケースを除けば、ほとんどが粘膜です。空気感染する病原体は、主に鼻の粘膜からの侵入です。

屋外で吸い込むというケースもありますし、飼い主さんが外出先などで付着してきたものから感染することもありますし、動物病院や外出先の店で感染することもあります。

尿道や消化器も侵入経路となる可能性があります。消化器が侵入経路となる場合は、水や食材に含まれているものもあります。

口からの感染を防ぐには、食事を加熱するとよいでしょう。後は水分を十分とって、万が一、病原体が侵入しても、オシッコとして排泄できるようにします。

●鼻水、目ヤニは防御反応

粘膜に病原体が侵入すると、各器官で防御メカニズムが働きます。目・鼻・口・耳からの侵入の場合、目ヤニ、涙、鼻水、嘔吐、咳、唾液が多くなる、耳だれなどの反応が起こり、腸・肛門・尿路からの感染では、下痢、血便、血尿、血色素尿などがあります。飼い主さんの中には、これらの防御反応を止めたいと思う方がいますが、異物を排除しようと体が闘っているわけですから、止めてはいけません。

●感染＝発症ではありません

では、粘膜を強化するにはどうしたらよいかですが、栄養としては、ビタミンA、ビタミンB群、ビタミンC、ビタミンEなどの抗酸化ビタミンが非常に重要です。ビタミンAは粘膜の形成に関わり、病原体の浸入を防いで感染を予防し、緑黄色野菜に含まれるβ-カロテンの抗酸化作用はがん細胞の抑制にも効果があります。ビタミンCは白血球の働きを強化し、免疫機能をサポートするため、細菌やウイルスの浸入を防いで感染予防に役立ちます。

その他、オクラ・里芋・なめこ・山芋などに含まれるムチンも粘膜強化によいといわれています。

海藻のヌルヌル成分であるフコイダンは、「がん」の増殖を抑える作用が期待できるU-フコイダンと、「がん」や生活習慣病予防に有効なF-フコイダンが含まれています。

粘膜のコントロールは、副交換神経を優位にし、リラックスしやすくなる体をつくってくれるので、健康上非常に重要です。

住空間にもリラックスは必要です。落ち着ける住空間であったり、飼い主さんの不安を最小限にすることもそうですし、適度な運動も必要です。ストレスなく生活するということが必要なのです。感染があるとわかると、飼い主さんは大変不安になるようですが、我々は無菌室で生きているわけではないのです。ですから、感染すること自体は当たり前のことです。

体力や免疫力があれば、感染しても発症しないのが普通です。しかし、体が弱っている状態で感染すると、発症しやすいのです。

大事なことは、粘膜を強化して、感染しても発症しないような体を作ることです。

腸粘膜を強化する食事を

●なぜ腸粘膜が重要なのか？

後述しますが、腸粘膜には最大の免疫システムである腸管免疫機構があり、身体全体の免疫力を発揮する点において極めて重要な部位です。

粘膜免疫機構は食事などで外界から取り込まれた様々な物質を身体にとっていいものは取り込み、悪いものは排除、無視、無応答することで、生体防御機能を担っています。

特に腸管免疫機構は、飲食を介して進入してくる病原微生物などを自然免疫機構と獲得免疫機構を発揮して排除しようとします。

自然免疫機構ではマクロファージや好中球などの顆粒球が病原体を攻撃し、ナチュラルキラー細胞がウイルス感染細胞を破壊するなどして免疫応答します。

また、マクロファージがヘルパーTリンパ球に病原体進入の信号を伝達することで、次に発動する獲得免疫機構へ橋渡しをします。情報を受け取ったヘルパーTリンパ球は、キラーTリンパ球に指令を出して、感染細胞を破壊させます。その一方で、Bリンパ球に指令を出して、病原体に有効な抗体を産生させ、総合力で病原体排除に取り組みます。このとき、粘膜で産生される抗体は「分泌型IgA」という、特殊なものです。

このような、外敵に対する防御機構を発揮する一方で、多種多様な腸内常在菌や、食物由来のたんぱく質など異常な反応をしないものには、無視や無応答という臨機応変な対応をします。

●腸粘膜を強化する食材とは？

小腸にはパイエル板という特殊な免疫組織があります。このパイエル板は粘膜免疫の誘導・制御に不可欠な免疫担当細胞が全て集まっていて、絶妙な免疫コントロールを担っています。

また、腸粘膜にある特殊なたんぱく質（TLR等）が、善玉菌と病原菌を見分けて、病原菌だけを攻撃することもわかってきました。このように、腸粘膜は極めて重要な免疫器官であるため、腸粘膜を良好に維持する食生活は極めて重要です。

腸粘膜をサポートする食材としては、葛が有名です。この他、β-カロテンを含む緑黄色野菜も有効な食材としておすすめです。

また、腸内善玉菌の代表は乳酸菌群で、乳酸菌を直接摂取することと、乳酸菌のエサである食物線維やオリゴ糖などを含む食材が有益です。

腸内細菌叢を良好に保つ食物線維には不溶性食物繊維と水溶性食物繊維があります。不溶性食物繊維は主に植物の細胞壁を構成している物質で、穀類、豆類、芋類に多く含まれています。水溶性食物繊維は主に植物の細胞内に含まれる物質で、ペクチン、グルコマンナン、アルギン酸、フコイダンなどがあります。ペクチンはリンゴ、バナナ、ニンジン、豆類、カボチャ、サツマイモといった、野菜や果物に多く含まれています。グルコマンナンはこんにゃくなどに多く含まれ、アルギン酸、フコイダンは海藻類に含まれるヌルヌルの成分です。

オリゴ糖は乳酸菌のエサとなります。ゴボウや大豆、バナナ、サツマイモ、トウモロコシなどに含まれます。

この他に納豆やヨーグルトなどもお勧め食品です。ただ、ヨーグルトに含まれる乳酸菌は強い酸に弱いため、胃散で大部分は死んでしまいます。しかし、死んだ乳酸菌の菌体成分が腸内免疫に有益に働くとも言われています。

具だくさんおじやが基本です

●3群＋水＋αが基本

飼い主さんは、なにをどれだけ食べさせたらよいのか気になるようです。当院で提唱している「手作り食」の基本は3群＋水＋α（P26参照）。

つまり、1群は穀類グループ、2群は動物性食材や植物性たんぱく、3群は野菜・海藻など。これらを1：1：1で混ぜ合わせ、あとは体の調整をスムーズにし、老廃物をオシッコとして排泄してくれる水分を十分にプラスするだけ。

もし、この割合で太るようであれば、穀類を減らす。それでも変化がなければ動物性食材を減らして植物性食材を増やす。逆にやせていくのであれば、動物性食材を増やしたらよいでしょう。

食材は飲み込みやすいサイズに切ります。

●食事の量はアレンジ可能

食事の量は、「犬の頭囲と同じ大きさの鉢に入る量」が1日の食事量の適量（目安量）です。

「少ないのでは？」という飼い主さんの声が聞こえてくるようですが、1日中、走り回っている牧羊犬ならたくさん必要でしょうが、今の飼い犬はさほど運動していませんから、それほど量は必要ないということです。もしもっと食べたがる場合は、野菜でかさを増やして朝・晩2食にする方法もあります。

食材の組み合わせ目安

1群 穀類　**2群** 魚・豆類　**3群** 野菜・海藻

1：1：1

いろいろな食材を食べることを心がければ、栄養バランスが崩れることはありません。少しダイエットをさせたい場合は、β-カロテンが豊富なにんじん、かぼちゃなどの野菜を茹でておやつにしても良いでしょう。免疫力がアップします。

犬は風味が良いものを好むので、小魚、昆布などの海草類、しいたけなどでだしを効かせてあげるのもおすすめです。

1回分の食事量の目安

「がん」の子は、頭の鉢（耳のつけから上の大きさ）の大きさより少し少なめの分量を基準に。ただし、私たち人間の食事も、厳密に食時の量をはからずとも特に問題はないのと同じで、きっちりと厳密にはかる必要はありません。

一見、おおざっぱに見える方法ですが、手作り食は長く続けることが、なにより効果を生みます。

1 野菜たっぷりが決め手！

野菜は余分なナトリウムを体外へ排出するカリウム、β-カロテンやビタミンC、ポリフェノールなどの抗酸化物質を豊富に含み活性酸素を除去。

また生野菜が含む酵素は消化力、免疫力を活性化させる働きも持っています。

2 動物性脂肪の選び方！

動物性脂肪の摂取を控えたい時期は、低脂肪のお魚や鶏肉でたんぱく質を摂りましょう。

魚は酸化しやすい部位を含む赤身よりもカレイやタラ、鮭など白身魚を積極的に使用、鶏肉は皮の部分に多くの脂を含むため、皮を除去したり、ささみの使用がおすすめです。

3 玄米を取り入れよう！

玄米は、白米では捨ててしまう胚芽や表皮を摂取できることから生命力に富み、ミネラル、ビタミン、糖質、食物繊維などの栄養素をバランスよく含みます。これらの食材は、副交感神経を優位にし、免疫力を強化すると考えられています。

4 基本は 3 群 + 水 + α

基本は下記の食材早見表の 1 群 :2 群 :3 群の食材を 1:1:1 で混ぜ合わせ、それに体の余分な老廃物をスムーズに外へ排出させるため水分をプラスし、食欲が進むための風味づけなどを行う。おやつには下記に記載されている、抗酸化作用のあるフルーツなどを与えても良い。

【免疫力 UP! 食材組み合わせ早見表】

1 全体食品

単体で多くの栄養素。元気回復の決め手！

全体食品とは、食品を丸ごと全部を食べて、多くの栄養素をとるという考え方。全体食品には生きるために必要な栄養素が丸ごと含まれているため、免疫力をアップしてくれます。

玄米

健康に欠かせない
45 種類の栄養素がほとんど揃う！

主な栄養素

ビタミンＢ群／糖質を分解しエネルギー化、活力源を算出
ビタミンＥ／抗酸化作用で過酸化脂質の生成を抑制。細胞の老化を防ぐ
食物繊維／コレステロールの腸からの吸収抑制。有害物質を体外へ排出

麦

食物繊維が腸内環境正常化。
豊富なビタミンＢ群で抵抗力 UP

主な栄養素

ビタミンＢ群／免疫機能を高めて、抵抗力をつける。
食物繊維／水溶性と不溶性の両方の食物繊維をもち、コレステロールの吸収抑制、有害物質の体外排出にはたらく。

市販のごはんを利用するのもオススメ

雑穀

アミノ酸のバランスが良く
体力増強に最適

主な栄養素

カリウム／体内の余分なナトリウムを排出
ビタミンＥ／抗酸化作用で活性酸素を除去
ハトムギ／体の中の水分や血液の代謝を促進、解毒作用がある

小魚

丸ごと食べて抗酸化作用のDHA、EPA摂取

主な栄養素

カルシウム／神経のいらだちを抑え、ストレスをやわらげる
ビタミンE／抗酸化作用で活性酸素除去。
コレステロール／細胞を形成、正常に機能させる
ビタミンB群／新陳代謝促進、エネルギーの利用効率を上げる

小エビ

低脂肪で主成分がたんぱく質なので、発がん促進を抑えられる

主な栄養素

タウリン／肝機能を高め、解毒作用を強化。老廃物を排出する
キチン質／殻に豊富に含まれる。自然治癒力の強化、免疫力の活性化に有効

ワンポイントアドバイス

タウリンと相乗効果を発揮する食物繊維。ごぼうや海藻と組み合わせましょう

豆類

脂質が少なく低エネルギー
発芽の生命力と良質な植物性のたんぱく質を含む

主な栄養素

大豆サポニン／体内で脂質の酸化抑制、代謝を促進。ビフィズス菌のえさとなり、腸内の善玉菌を増やすオリゴ糖を含む
カリウム／余分なナトリウムを体外へ排出
ビタミンB群／代謝を促進
食物繊維／体内の有害物質を排出、コレステロールの吸収抑制
イソフラボン／「がん」が作り出す新生血管の阻害活性、抗酸化作用
レシチン／細胞膜の安定性を保つ

ごま

豊富に含まれる脂質は不飽和脂肪酸で悪玉コレステロールを減らし、善玉コレステロールを増やす

主な栄養素

セサミン／活性酸素を除去。肝臓の働きを強化する
ビタミンE、セサミノール／体の機能を強化、強力な抗酸化作用で活性酸素を除去する
脂質／不飽和脂肪酸が豊富で血行促進、免疫力を高める

ワンポイントアドバイス

「ごま＋にんにく」で糖質の代謝を促進するビタミン B_1 の効果をUP!

2 発酵食品

腸を元気にして副交感神経に効く

排便を促し、腸を健康にする発酵食品には、食材本来の栄養素と、発酵を進める微生物の有効成分、発酵過程でできる酵素の３つの有効作用があり、免疫力UPに効果的

納豆

納豆菌＋イソフラボン＋サポニン＝活性酸素除去

主な栄養素

ビタミンB$_2$／大豆の約５倍含む。血液中の余分な脂肪分除去
ビタミンE／抗酸化作用で活性酸素除去、血行を促進する
ナットウキナーゼ、ムチン／滋養強壮、「がん」を予防
納豆菌／乳酸菌よりも強く長い整腸作用
イソフラボン／「がん」が作り出す新生血管の阻害活性、抗酸化作用

プレーンヨーグルト

ビフィズス菌が腸内の有害物質発生防ぎ、がん予防に有効

主な栄養素

乳酸菌／腸内でビフィズス菌などの善玉菌を増やし、悪玉菌を抑制。胃腸の働きを健康な状態に整え、新陳代謝を促進
カルシウム／神経安定、ストレスの軽減

ワンポイントアドバイス

ストレス軽減に最適

バナナ、きなこ、すりごまに含まれる食物繊維の働きをヨーグルトのもつビフィズス菌がサポート！　デトックス効果がより効果的に得られる。

不飽和脂肪酸、抗酸化作用またそれぞれの食材がファイトケミカルを含んでいることから免疫の働きを強化する相互作用があるため、食事やおやつとして与えるとよいでしょう。

ナチュラルチーズ

乳酸菌＋酵素＝腸内の悪玉菌撃退、免疫機能を高める

主な栄養素

乳酸菌／ビフィズス菌を増やし、腸の働きを整える
酵素／消化力 UP
メチオニン／強肝作用
ビタミン A ／粘膜保護、病原体の侵入を防ぎ感染症予防

ワンポイントアドバイス

チーズ＋きのこ＋鮭 ＝がん予防に効果的

■ビタミンA（チーズ）＋ビタミンE（鮭）＋ビタミンB_2（きのこ）＝強い抗酸化作用
■カルシウム（チーズ）＋ビタミンD（きのこ）＝カルシウムの吸収促進、ストレスを解消してがん体質からの脱却に効果的

★プラスαまめ知識
脂溶性ビタミンであるビタミンA、ビタミンEの吸収を促進させる植物油をプラスすると吸収率 UP

3 たっぷりの食物繊維

毒だしなどの免疫力アップ効果が満載

食物繊維は、ウェルシュ菌や大腸菌などの悪玉菌が排出する活性酸素を吸着して排出する作用があるほか、腸管が活発に動くので、体温を上昇させて免疫力をアップさせます。

きのこ

不溶性食物繊維が解毒、
体内の老廃物を排出！

主な栄養素

グルカン／低下した免疫力機能を正常にもどし、がん細胞の増殖を食い止める
食物繊維／腸内のコレステロール、老廃物、有害物質を便とともに体外へ排出
ビタミンＤ／新生血管が作られないよう抑制。がん細胞の増殖を防ぐ

ワンポイントアドバイス

ビタミンＥを豊富に含むごまと組み合わせると体力増強、気力回復に効果的

海藻

豊富なミネラル分が、
免疫力を高めて感染症を予防

主な栄養素

ヨード／代謝を促進し、体温の低下を防ぐ
カルシウム／精神安定、ストレスをやわらげる
食物繊維／腸内のコレステロール、老廃物、有害物質を便とともに体外へ排出

ワンポイントアドバイス

タウリンを含む海老と組み合わせると肝機能の強化によいでしょう

野菜

野菜には「がん」に有効な成分が
豊富に含まれる

主な栄養素

β-カロテン／活性酸素の活動抑制、粘膜の健康維持
ビタミンC／発がん物質ニトロソアミン生成を抑制、強力な抗酸化作用
不溶性食物繊維／腸内のコレステロール、老廃物、有害物質とナトリウムを便とともに体外へ排出

「がん」の原因となる、活性酸素を除去する働きのある

「抗酸化物質」を含む食品

ビタミンAを含む食品
のり、春菊、にんじん、かぼちゃ、ほうれん草、パセリ、ピーマン、パプリカ、ブロッコリー、チンゲン菜

ビタミンCを含む食品
ブロッコリー、かぼちゃ、ピーマン、さつまいも、いちご、みかん、パセリ、じゃがいも、キウイフルーツ、キャベツ、白菜、レタス

ビタミンEを含む食品
アジ、ハマチ、メカジキ、植物油、かぼちゃ、アーモンド、小麦胚芽、大根やかぶの葉、ナバナ、パプリカ

ポリフェノールを含む食品
玄米（フェルラ酸）、ブルーベリー（アントシアニン）、そば（ルチン）、うこん（クルクミン）、しょうが（ショウガオール）、大豆（イソフラボン）、りんご（カテキン）、ごま（リグナン）、いちご（エラグ酸）、かんきつ類（クマリン）

4 体を温める食品

体温を高めて、血行を促進する

体の冷えは血流障害を起こし、免疫力を低下させて体を発がん体質にします。体を温めるには、冷たいものは食べないのはもちろんのこと、根菜類などを積極的にとることです。

根菜類

土の中で育つ根菜には体を温める作用がある

主な栄養素

食物繊維／体内の発がん物質を便に吸着させて体外へ排出
ビタミンC／発がん物質ニトロソアミンの生成を抑制、強力な抗酸化作用を持つ。根菜類に含まれるビタミンCはでんぷん質に保護されて、熱に強い

ワンポイントアドバイス

がん予防効果 UP!

β-カロテン、ビタミンEを含むかぼちゃやブロッコリーと組み合わせると過酸化脂質の生成を抑制しがんの予防効果に働きます

根菜類

ブロッコリー　かぼちゃ

ショウガ

ジンゲロン、ショウガオールは、強い殺菌力をもち、新陳代謝を活発にし、発汗作用を高める

主な栄養素

ジンギベロール／解毒作用
そのほかに含まれる栄養素
β-カロテン／体内脂質の過酸化を抑制
ビタミン B_1 ／糖質の代謝を助け疲労回復
ビタミン B_2 ／細胞の再生を促し、粘膜の健康をサポート
ビタミン C ／免疫機能をサポートし、細菌やウイルスの侵入を防ぐ。
カリウム／余分なナトリウムを体外へ排出
カルシウム／骨や歯を形成、ホルモンの分泌などの生理機能を調整する

ワンポイントアドバイス

**＋しそで
温め作用 UP!**

ニンニク

殺菌力で体内に侵入するウィルスを撃退！
体をあたため病気に強い体作り。

主な栄養素

アリシン／強い殺菌力で体に侵入したウィルスを撃退
スコルジン／新陳代謝をはかり血行促進、体をあたためる
アホエン／アリシンを加熱するとアホエンとなり、血液をサラサラにする
セレン／抗酸化作用が活性酸素を除去、免疫力を高める

ワンポイントアドバイス

**ニンジン＋
ブロッコリーで
がん予防**

ニンニク（セレン）＋にんじん、ブロッコリー（β―カロテン）＝抗酸化作用でがん予防

ワンポイントアドバイス

**カレイ＋大豆で
体力 UP**

ニンニク（アリシン）＋カレイ、大豆（ビタミン B1）＝代謝促進、体力増強

※ニンニクは大量に与えると犬にダメージを与えます。詳しくは P.173 を参照。

5 ファイトケミカル

植物に含まれる、強い抗酸化力をもつ成分

ファイトケミカルとは、病気の予防や健康を維持するために重要な働きを持つ植物由来の物質。体内で抗酸化物質として、発がんを促す活性酸素を除去する働きがあります。

強い抗酸化作用を持ち、発がん性物質の活性化を抑制、血行促進や抗血栓作用、抗ウイルス作用をもつ

フラボノイド

含まれる食材

ほとんどの植物性食品に存在
セロリ、パセリ、春菊、ピーマン、そば、ブロッコリー、大根、ブルーベリーなす、いちご、アスパラガス

β-カロテンの2倍、ビタミンEの100倍の抗酸化力をもち、活性酸素を除去。細胞のがん化を防ぐ役割を持つ遺伝子を活性化する機能があると考えられている

リコピン

含まれる食材

トマト、スイカ、柿、グレープフルーツ（ルビー）

強い抗酸化力が活性酸素を抑制し細胞の老化を防ぐ。解毒作用と免疫力強化が抗がん、抗炎症作用に効果的

アントシアニン

含まれる食材

ブルーベリー、紫いも、なす、黒豆、紫キャベツ、黒米、ラズベリー、クランベリー

女性ホルモンの欠乏を補う一方、分泌過剰を抑制する働きがあり、女性ホルモン過剰が原因となる乳がんの予防に役立ち、「がん」が作り出す新生血管の阻害活性、抗酸化作用も併せ持つ

イソフラボン
ダイゼイン
ゲニステイン

含まれる食材 大豆、大豆製品、くず粉

強い抗酸化作用と殺菌作用をもち、
活性酸素を除去するとともに発がん物質の毒性を消す
解毒酵素を活性化する血液の循環を促進し、体をあたためる

イオウ化合物

含まれる食材 にんにく、キャベツ、大根、ブロッコリー

抗腫瘍効果でがん細胞の発育を抑制
白血球に働きかけ、免疫力を高める

β-グルカン

含まれる食材 しいたけ、まいたけ、エリンギ、なめこ、しめじ

抗腫瘍作用でがん細胞に直接効いて増殖を抑制
腸内の有害物質を体外へ排出

フコイダン

含まれる食材 こんぶ、わかめ、のり、もずく

6 粘膜を強くする食品

感染予防、デトックスに力を発揮する

粘膜強化は感染防御のための重要ポイント。
ビタミンA（β-カロテン）、ビタミンC、ムチン、
フコイダンを積極的にとって抵抗力ある体をつくりましょう。

粘膜の形成にかかわり、病原体の侵入を防ぎ感染症を予防
緑黄色野菜に含まれるβ-カロテンの抗酸化作用に、がん抑制効果が見られる

ビタミンA（β-カロテン）

含まれる食材　のり、春菊、にんじん、かぼちゃ、ほうれん草、パセリ、ピーマン、パプリカ、ブロッコリー、チンゲン菜

白血球の働きを強化し免疫機能をサポート。細菌やウイルスの侵入を防ぎ、感染症を予防
ストレスへの抵抗力を高める体内の発がん性物質の合成を抑制し、細胞に侵入するのを防ぐ

ビタミンC

含まれる食材

ブロッコリー、かぼちゃ、ピーマン、さつまいも、いちご、みかん、パセリ、じゃがいも、キウイフルーツ、キャベツ、白菜、レタス

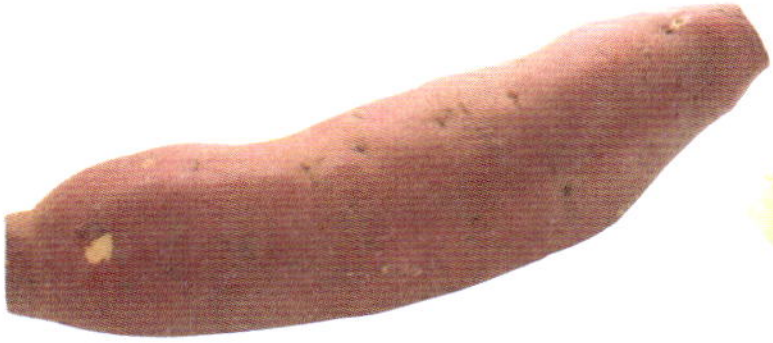

胃壁を保護し、傷ついた粘膜を修復
体力増強、病中病後の体力回復、虚弱体質の改善

ムチン

含まれる食材

オクラ、里芋、山芋、なめこ

海藻のヌルヌル成分。U-フコイダンはがんの増殖を抑え、
F-フコイダンはがんや生活習慣の予防に有効

フコイダン

含まれる食材

真昆布、乾燥ひじき、わかめ（素干し）、あまのり（干しのり）、もずく

7 デザイナーフーズ

がん予防に有効な野菜、くだもの、穀類、香辛料など

野菜や果物などに含まれるがん予防の有効成分を試験管レベルだけでなく、動物実験を通して科学的に解明。『アメリカ国立がん研究所』が、がん予防効果の可能性がある食品を選出。

●デザイナーフーズとはなにか

デザイナーフーズとは、がん予防に効果がある食べ物のことです。アメリカで「がん」による死亡者の増加が深刻化したため、1990年、アメリカ国立がん研究所が中心となって「デザイナーフーズ・プログラム」というプロジェクトが始まりました。

食品が持つ生理調整機能と病気との関係に着目し、がん予防に効果がある成分を含む機能を解明して、有効成分の含有量を高めた機能性食品をデザイン（作る）するのが目的です。

●ピラミッドの上位ほど、がん予防効果が高い

研究の結果、「がん」の予防効果の可能性があると思われる約40種類の食品をピラミッド方式で発表しました（図）。

ピラミッドの上位に位置するものほど、がん予防の効果が高い食品です。デザイナーフードとは、一言で言えば、抗酸化物質の多い食品です。ビタミンA、β-カロテン、ビタミンC、ビタミンE、などの抗酸化ビタミンや、ファイトケミカルを多く含んでいるのが特徴です。

●リンパ球や白血球を活性化させ、増加させる

食事療法としては、抗酸化物質やビタミンとり入れることで、栄養状態がよくなるのはもちろんですが、それによって、代謝が正常になり、リンパ球や白血球を活性化させたり、体の免疫機能やが正常化して、抵抗力を上げることができます。

がん予防の可能性のある食品

白血球数を増やす野菜

①ニンニク　②しその葉　③生姜　④キャベツ

サイトカイン分泌能力のある野菜

①キャベツ　②なす　③ダイコン　④ホウレンソウ　⑤キュウリ

サイトカイン分泌能力のある果物

①バナナ　②スイカ　③パイナップル　④ブドウ　⑤梨

デザイナーズフードリスト（がん予防の可能性のある食品）アメリカ国立がん研究所発表

がん発生・悪化を促す要因となる食材

デリケートな時期には避けたいNG食材

過剰な活性酸素の発生

油脂を含んだインスタント食品、油を使って加工され、時間が経過した食品、食品添加物が多い食品、※四足歩行の動物の肉(牛・豚・馬・羊)、脂肪の多い食品を食べると、体内で活性酸素が大量に放出されるといわれています。

がん・腫瘍の大きな原因の一つが活性酸素ですから、活性酸素を大量に発するような食品は控えた方が良いでしょう。

精製された食材

「がん」の原因である感染や体内汚染を排除するためには、ビタミン・ミネラルなどの微量栄養素が重要です。

また、愛犬が病気を克服するためには糖質、タンパク質、脂質が重要なのはもちろんですが、ビタミンやミネラルなどの微量栄養素も重要です。白米やうどんなど精製された食材は、微量栄養素が不足してしているので、玄米、そばなどを与えましょう。

牛肉・牛乳はいったんお休み

どういう理由かは明確にはわかりませんが、牛から作られる食品を食べると腫れがひどくなったりすることがあります。

合わないと感じるならば動物性食品は他にもあるので、デリケートな時期は控えるのがオススメです。

ヨーグルトは発酵食品で、腸内環境を正常に機能させる働きがあるので、個々にあわせて摂取いただいて問題ありません。

フードファディズム

人間の世界もそうですが、ペットの世界も健康情報の氾濫に飼い主さん達が踊らされている現実があります。

テレビや雑誌といったマスメディアから、毎日、栄養や健康情報が垂れ流しされていますが、これらを過大に評価・過信することを、「フードファディズム(Food Faddism)」といいます。いたずらに食品に対して不安をあおり立てたり、食品や食品成分の「薬効」を強調したり、新しい食品・成分のブームを作るべく、効能をうたうなどして、消費者の目をうまく欺き、何らかの製品を売ろうという意図があるものが多いのです。

こんなテレビ番組を見たことはないでしょうか?「最近、愛犬の「がん」が増えているのはご存じですか? この問題の原因はいくつかあって、その一つが食生活にあるという統計データがあります。昨年、●●学会で、●●という栄養素が犬の「がん」に有益だと発表されました。この栄養素の一日の推奨摂取量を食材で摂ろうとすると、10kgの犬は●kgも食べなければなりません。それを毎日続けるのは難しいですよね。そこで、当社が開発したサプリメントは一日たったの一粒に、推奨摂取量が含まれています。これなら毎日続けられますね。愛犬を一日でも長生きさせたい愛犬家の中の愛犬家のためのサプリメントです」

とかく「がん」に関しては、プロの目から見て「それは言い過ぎだろう」という情報が多いものです。しかし、妙につじつまが合うため、飼い主さんはコロリとダマされてしまいます。「がん」を1発で治す特効薬はありません。

基本的には、28~41ページで紹介されているような食材をまんべんなく摂ってみてください。

※アメリカ・コーネル大学のT・コリン・キャンベル教授が動物実験の結果をもとに発表しました。

基本のおじや 白身魚＋玄米＋野菜

「がん」を自然退縮させる最強レシピ ❶❷

調理POINT

シイタケは生シイタケでも良いですが、乾燥シイタケを天日干しにして使用するとビタミンDが増えるためオススメです。

【材料】

- **タラ**
  抗酸化作用のあるグルタチオンを含む
- **キャベツ** ●
  強い抗酸化作用、殺菌作用をもつイオウ化合物を含む
- **ニンジン** ♣♥●❋
  β-カロテンで免疫力強化、感染症を予防
- **小松菜** ♣♥❋
  亜鉛が細胞を生成、肝機能を高め解毒
- **大根** ♣♥❋
  抗酸化、抗ウイルス作用をもつフアイトケミカルを含む
- **シイタケ** ♣❋
  血中コレステロールの増加を抑制
- **ショウガ** ♣♥●❋
  新陳代謝を促進し、血行促進
- **ちりめんじゃこ** ●
  豊富なカルシウムでストレス緩和
- **玄米ご飯** ♣❋
  体に有効な多彩な栄養素を含む。
- **ごま油**
  エネルギー源。セサミノールが体の機能を強化

【作り方】

1. タラと野菜は食べやすい大きさに切る。
2. 鍋に小さじ1のごま油を熱したらとおろしショウガ、ちりめんじゃこを加えて軽く炒め、1を加えて炒め合わせる
3. 玄米ご飯を加えたら、具材がかぶる程度の水を加え、野菜がやわらかくなるまで煮る。

中華風卵粥

調理POINT

低カロリーを目指すなら『きび』、消化しやすさを選ぶなら『押し麦』、抗酸化作用UPなら『黒米』、漢方生薬なら『ハトムギ』と症状に合わせてブレンドすると良いでしょう。

【材料】

● **トウモロコシ** ♣
豊富な食物繊維が体内の老廃物を排出する

● **雑穀ご飯** ♣
体力増強に役立つアミノ酸が豊富

● **サクラエビ** ♣
自然治癒力の強化や免疫力の活性化をはかるキチン質を含む

● **チンゲン菜** ♣●✺
β-カロテンが粘膜強化、感染症を防ぐ

● **ごま油**
エネルギー源。セサミノールが体の機能を強化

● **卵**
アミノ酸バランスが優れ、ビタミンAで免疫力を高める

【作り方】

1 トウモロコシはフードプロセッサーでペースト状にする。

2 鍋に雑穀ご飯、サクラエビ、トウモロコシを加え、具材がかぶる程度の水を入れて沸騰するまで煮る。

3 仕上げに刻んだチンゲン菜、小さじ1のごま油を加え、溶き卵をまわし入れる。

● 全体食品　● 発酵食品　♣ 食物繊維　● 体を温める食品
● ファイトケミカル　✺ 粘膜を強くする　◆ デザイナーズフーズ

鯛めしスープかけご飯

調理POINT

食物繊維豊富なゴボウ。便に出てくるのが気になる場合はすりおろして使用しましょう。水は体の機能を整えるに大事な食材の1つ。水分たっぷりのご飯がおすすめ。

【材料】

●**鯛**
冷え性防止のナイアシンや抗酸化作用のビタミンEを含む

●**白菜**
ビタミンCを含み、体内の発がん物質の合成抑制

●**ゴボウ**
豊富な食物繊維で有害物質を体外へ排出

●**ダイコン**
抗酸化、抗ウイルス作用をもつファイトケミカルを含む

●**ニンジン**
β-カロテンで免疫力強化、感染症を予防

●**しめじ**
がん細胞の増殖を防ぎ、食物繊維で老廃物を排出

●**雑穀ごはん**
体力増強に役立つアミノ酸が豊富

●**大葉**
白血球を増やし免疫機能をサポート

●**のり**
代謝を促進、体温低下を防ぐ

●**黒すりごま**
抗酸化作用で活性酸素除去

【作り方】

1 鯛は魚焼きグリルで焼き、骨を取り除く。野菜は食べやすい大きさに切る。

2 鍋に1（大葉以外）と雑穀ごはんを加え、具材がかぶる程度の水を加えて野菜がやわらかくなるまで煮る。

3 **2**を器に盛って、すりごま、大葉、のりをのせる。

全体食品　発酵食品　食物繊維　体を温める食品
ファイトケミカル　粘膜を強くする　デザイナーズフーズ

納豆じゃこおじや

調理POINT
β-カロテンを効率よく摂取するために緑黄色野菜は油でよく炒めましょう。

【材料】

●ホウレンソウ
β-カロテンを含み粘膜を強化、感染症を予防

●ニンジン
β-カロテンで免疫力強化、感染症を予防

●カボチャ
β-カロテンで活性酸素の活動抑制

●ピーマン
食物繊維で老廃物やナトリウムを体外へ

●ひじき
食物繊維が有害物質を体外へ排出

●ちりめんじゃこ
豊富なカルシウムでストレス緩和

●玄米ご飯
体に有効な多彩な栄養素を含む。

●納豆
整腸作用でおなかスッキリ。抗酸化作用で活性酸素除去

●ごま油
エネルギー源。セサミノールが体の機能を強化

【作り方】

1 野菜とひじきは食べやすい大きさに切る。

2 鍋に小さじ1のごま油を熱し、1、ちりめんじゃこ、玄米ご飯を入れて全体が混ざるまで炒め合わせ、具材がかぶる程度の水を加えてひじきがやわらかくなるまで煮る。

3 2を器に盛ったら、ひきわり納豆をトッピングしてできあがり。

根菜たっぷりすいとん

調理POINT
全粒粉は小麦の胚芽、胚乳と表皮を含み食物繊維、鉄分、ビタミンB1が豊富。栄養満点な全粒粉を積極的に使いましょう。

【材料】

● **鶏ささみ**
低脂肪なたんぱく源

● **ダイコン** ♣💥
抗酸化、抗ウイルス作用をもつファイトケミカルを含む

● **サトイモ** ♥💥✦
ぬるぬる成分ムチンが胃や腸壁の粘膜を強化

● **ニンジン** ♥💥✦
β-カロテンで免疫力強化、感染症を予防

● **しめじ** ♣
がん細胞の増殖を防ぎ、食物繊維で老廃物を排出

● **レンコン** ♣♥💥
ムチンが胃腸の粘膜強化、豊富な食物繊維で老廃物排出

● **高野豆腐** ♣♥
豊富な食物繊維で老廃物排出、ストレスを軽減するカルシウムを含む

● **全粒粉** ●♣✦
免疫機能を高めるビタミンB群豊富

● **グリーンピース** ♣●
体力と気力をつけるビタミンB1を豊富に含む

【作り方】

1 ささみ、野菜、高野豆腐は食べやすい大きさに切る。

2 全粒粉、すりおろしレンコンに水を少量ずつ加え、耳たぶ程度の柔らかさの種を作る。

3 鍋に1を入れ、具材がかぶる程度の水を加えて煮る。沸騰したら2を一口大に平たく丸めながら入れ、火が通るまで煮詰めていく。

● 全体食品　✿ 発酵食品　♣ 食物繊維　♥ 体を温める食品
● ファイトケミカル　💥 粘膜を強くする　✦ デザイナーズフーズ

鮭とキノコの豆乳粥

調理POINT
キノコは調理前に1〜2時間天日干しするとビタミンDの含有量が増加します。

【材料】

●**鮭**
抗酸化物質アスタキサンチンを含む白身魚

●**ニンジン**
β-カロテンで免疫力強化、感染症を予防

●**キャベツ**
強い抗酸化作用、殺菌作用をもつイオウ化合物を含む

●**エノキ**
エネルギー代謝を促進するビタミンB_1が豊富

●**シメジ**
がん細胞の増殖を防ぎ、食物繊維で老廃物を排出

●**マイタケ**
β-グルカンが免疫力を高める

●**切干大根**
食物繊維がコレステロールを体外へ排出。大根よりも栄養価が高い

●**パセリ**
β-カロテンで発がん性物質の合成を抑制

●**レタス**
細菌やウイルスの侵入を防ぎ、感染症予防

●**ハトムギご飯**
体内の水分代謝をよくする消炎，鎮痛効果

●**豆乳**
イソフラボンがホルモンの過剰分泌を防ぐ

●**オリーブオイル**
不飽和脂肪酸が豊富なエネルギー源

【作り方】

1 鮭と野菜、切干大根は食べやすい大きさに切る。

2 鍋にオリーブオイルを熱し、1(レタスとパセリ以外)とハトムギご飯を加えて炒める。そこに200ccの豆乳を加え、さらに具材がひたる程度の水を加えて煮る。

3 野菜がやわらかくなったらレタス、パセリを加えひと煮たちさせて完成。

アジのつみれおろし蕎麦

調理POINT
蕎麦はあらかじめ茹でずに具材を煮ている鍋で茹でて、水溶性のルチンを逃さず摂取します。

【材料】

●**アジ**
DHA、EPAで血行促進。血合部分は除去して使用

●**ナメコ**♣⬣✹
ムチンで胃腸の粘膜を強化

●**キャベツ**♣⬣✦
強い抗酸化作用、殺菌作用をもつイオウ化合物を含む

●**ゴボウ**♣♥⬣
豊富な食物繊維で有害物質を体外へ排出

●**ニンジン**♣♥⬣✹✦
β-カロテンで免疫力強化、感染症を予防

●**黄パプリカ**♣⬣✹✦
β-カロテンが豊富、粘膜強化感染症を予防

●**蕎麦**⬣♣
ルチンで抗酸化、毛細血管を丈夫にする

●**オクラ**♣⬣✹
整腸作用のペクチン、たんぱく質の消化吸収を助けるムチンを含む

●**大根**♣♥⬣✹
抗酸化、抗ウイルス作用をもつファイトケミカルを含む

【作り方】

1 アジはフードプロセッサーですり身にする。大根はすりおろす。その他の野菜は食べやすい大きさに切る。

2 野菜(大根とオクラ以外)を鍋に入れ、具材がかぶる程度の水を加え沸騰させる。

3 沸騰したら蕎麦を3センチ程度の長さに折って入れ、食べやすい大きさに丸めたつみれを入れる。全体に火が通ったら、オクラを加える。仕上げに大根おろしを乗せる。

タラの野菜あんかけごはん

調理POINT
本くず粉でとろみをつければ、活性酸素除去、胃腸の粘膜を保護する効果が得られます。

【材料】

●**タラ**
抗酸化作用のあるグルタチオンを含む

●**サツマイモ** ♣♥⬢✹
ヤラピンが胃粘膜を保護

●**ニンジン** ♣♥⬢✹✦
β-カロテンで免疫力強化、感染症を予防

●**ダイコン** ♣♥⬢
抗酸化、抗ウイルス作用をもつファイトケミカルを含む

●**シイタケ** ♣⬢
血中コレステロールの増加を抑制

●**ワカメ** ♣⬢✹
不足しがちなミネラル分を豊富に含む

●**春菊** ♣✹
β-カロテンを含み病原体の侵入防ぎ、感染症予防

●**玄米ご飯** 🌰♣
体に有効な多彩な栄養素を含む。

●**くず粉** ♥⬢
イソフラボンを含み、新生血管の阻害活性、抗酸化の働きを行う

●**すりごま** 🌰
細胞の老化を防ぎ、強い抗酸化作用をもつビタミンEを含む

●**キュウリ** ♣✦
カリウムが体内の余分なナトリウムを排出する

【作り方】

1 タラ、ワカメ、野菜（キュウリ以外）を食べやすい大きさに切る。

2 鍋に**1**を入れ、具材がかぶる程度の水を加え煮る。火が通ったら水溶きくず粉でとろみをつける。

3 皿にやわらかく炊いた玄米ご飯を入れ、**2**のとろみをつけたあんを上からかける。最後にすりごまとすりおろしたきゅうりをトッピングする。

🌰全体食品 ✿発酵食品 ♣食物繊維 ♥体を温める食品
⬢ファイトケミカル ✹粘膜を強くする ✦デザイナーズフーズ

流動食 パンプキンスープ

調理POINT

流動食で量を食べられない場合、糖質を豊富に含むカボチャやサツマイモなどのイモ類の使用がエネルギー源となります。甘みがあるので犬も好みやすい食材です。

【材料】

●カレイ
コレステロールを抑制するタウリンを含む低脂肪な白身魚

●カボチャ
β-カロテンで活性酸素の活動抑制

●サトイモ
ムチンが胃腸の傷ついた粘膜を修復

●さくらえび
自然治癒力の強化や免疫力の活性化をはかるキチン質を含む

●玄米ご飯
体に有効な多彩な栄養素を含む。

●ゆで大豆
サポニンの利用作用、食物繊維で老廃物を排出してデトックス

●ターメリック〈うこん〉
肝機能を強化し、解毒作用を高める

●オリーブオイル
不飽和脂肪酸が豊富なエネルギー源

【作り方】

1 カレイとカボチャ、サトイモは適当な大きさに切る

2 鍋に小さじ1のオリーブオイルを熱し、**1**、さくらえび、玄米ご飯、ゆで大豆、ターメリックを加えて炒めたら、具材がかぶる程度の水を加えて煮込む。

フードプロセッサーにかければ流動食に!

3 固形のものが食べられない子は、フードプロセッサーで**2**を粒が残らないくらいのペーストにする。

流動食 チキンオートミール粥

調理POINT
オートミールは食物繊維や鉄分、カルシウムが豊富な食材。消化しやすいように粥状になるまで煮てあげましょう。

【材料】

●**鶏ひき肉**
低脂肪なたんぱく源

●**カリフラワー**♣⬣✹
ビタミンCがウイルスに対抗する抵抗力をつける

●**キャベツ**♣⬣✹✦
強い抗酸化作用、殺菌作用をもつイオウ化合物を含む

●**オートミール**🌰♣✦
豊富な食物繊維で老廃物を排出

●**豆乳**⬣✦
イソフラボンを含み、活性酸素を除去

●**プチトマト**♣⬣✹
リコピンで活性酸素を除去

●**しょうが**♥✦
新陳代謝を促進し、血行促進

●**パセリ**♣✹
β-カロテンで発がん性物質の合成を抑制

●**オリーブオイル**
不飽和脂肪酸が豊富なエネルギー源

【作り方】

1 カリフラワー、キャベツは食べやすい大きさに切り、ショウガはすりおろす。

2 鍋にオリーブオイルを熱し、鶏ひき肉と**1**を炒め合わせる。オートミールと豆乳200ccを加え、さらに具材がかぶる程度の水を加えオートミールがやわらかくなるまで煮る。

3 固形のものが食べられない子は、**2**の粗熱をとり、フードプロセッサーに入れプチトマトを加えペースト状にする。器に盛ったらみじん切りのパセリをのせる。

フードプロセッサーにかければ流動食に!

🌰全体食品 ✿発酵食品 ♣食物繊維 ♥体を温める食品 ⬣ファイトケミカル ✹粘膜を強くする ✦デザイナーズフーズ

大豆たんぱくのコーンクリームリゾット

調理POINT

β－カロテンを含む緑黄色野菜は効果的に栄養素を吸収するために油でよく炒めましょう。ヨーグルトに含まれる乳酸菌は熱に弱いため、最後にトッピング。

【材料】

●**赤パプリカ**
β-カロテンががん抑制

●**アスパラガス**
食物繊維が老廃物排出。アスパラギン酸で疲労回復

●**ブロッコリー**
発がん物質を解毒するファイトケミカルを含む

●**シイタケ**
血中コレステロールの増加を抑制

●**トウモロコシ**
豊富な食物繊維が体内の老廃物を排出する

●**大豆たんぱく**
動物性たんぱくの代替品として、畑のお肉大豆を使用。イソフラボンで抗酸化作用

●**雑穀ごはん**
体力増強に役立つアミノ酸が豊富

●**ヨーグルト**
腸内の老廃物を排出、腸の健康を保つ

●**オリーブオイル**
不飽和脂肪酸が豊富なエネルギー源

【作り方】

1 トウモロコシはフードプロセッサーでペースト状にし、その他の野菜は食べやすい大きさに切る。大豆タンパクは湯でもどしておく。

2 鍋にオリーブオイルを熱し、1、雑穀ご飯を加えて炒めあわせ、具材がかぶる程度の水を加えて煮る。

3 皿に2を盛り付け、上にヨーグルトをトッピングする。

※大豆たんぱくの代わりにテンペ、ゆで大豆、納豆などで代用してもOK。

大豆たんぱく入りトマトスープごはん

調理POINT

動物性たんぱく質を制限し、体質改善を進めたい場合植物性たんぱく質の大豆たんぱくを使用すると手軽で便利です。チーズは乳酸菌と酵素を含むナチュラルチーズを使用します。

【材料】

●**セロリ**
不要なナトリウムを排出するカリウムを豊富に含む

●**ジャガイモ**
余分なナトリウムをカリウムが排出、水に溶けにくいビタミンCが粘膜を強化する

●**インゲン**
たっぷりの食物繊維でコレステロールを抑制

●**ナス**
アントシアニンが肝機能を強化し、解毒作用を高める

●**トマト**
リコピンで活性酸素を除去

●**ニンニク**
強殺菌作用と新陳代謝促進作用をもつ

●**大豆たんぱく**
動物性たんぱくの代替品として、畑のお肉大豆を使用。イソフラボンで抗酸化作用

●**麦ごはん**
免疫力を高め、抵抗力をつけるビタミンB群を豊富に含む

●**パルメザンチーズ**
乳酸菌が腸の働きを整える

●**パセリ**
β-カロテンで発がん性物質の合成を抑制

【作り方】

1 ニンニクとパセリはみじん切り。その他の野菜は食べやすい大きさに切る。

2 鍋に1（パセリ以外）、湯で戻した大豆たんぱく、麦ごはんを入れ、具材がかぶる程度の水を加えて煮る。

3 具材に火が通ったら、器に盛りパルメザンチーズとパセリをふる。

全体食品　発酵食品　食物繊維　体を温める食品
ファイトケミカル　粘膜を強くする　デザイナーズフーズ

いもようかん

調理POINT

寒天を使用すると冷たく冷やさなくても固まるため、与える時は冷たいものよりも常温に戻したものをオススメします。

【材料】

●**さつまいも**♣♥⬣✸100g
豊富な食物繊維で有害物質を体外へ排出

●**かぼちゃ**♣⬣✸100g
β-カロテンで活性酸素の活動抑制

●**粉寒天**♣2~3g
血中コレステロールの増加を抑制

●**豆乳**⬣✦150cc
イソフラボンを含み、活性酸素を除去

【作り方】

1 かぼちゃとさつまいもは皮をむき適当な大きさに切り、やわらかくなるまで茹でる(レンジでもOK)

2 やわらかくなったらザルにあげ水気を切り、フードプロセッサーでペーストにする

3 鍋に豆乳と粉寒天を入れ、寒天の固まりがなくなるまで煮溶かしたらかぼちゃとさつまいものペーストを加え混ざったら火からおろす。

4 水に塗らした型に流しいれ、粗熱を取り固める

●全体食品 ✿発酵食品 ♣食物繊維 ♥体を温める食品
⬣ファイトケミカル ✸粘膜を強くする ✦デザイナーズフーズ

バナナパンケーキ

（直径5㎝） 4～5枚分

調理POINT

ごまは滋養強壮の万能薬ですが、粒のままだと丸飲みしてしまう犬には栄養素が吸収されません。栄養素をしっかり吸収出来るようにすりごまの使用がポイントです。

【材料】

- **バナナ**♣✹ 1本（約100g）
  豊富な食物繊維で有害物質を体外へ排出
- **りんご**♣⬢✹（1約30g）
- **全粒粉**♣◆ 50g（大さじ3）
  ビタミンB群豊富で免疫力UP
- **ヨーグルト**✿ 40g（大さじ2）
  腸内の老廃物を排出
- **卵** 1個（約50g）
  アミノ酸バランスが優れ、ビタミンAで免疫力を高める
- **すりごま**⬢
  抗酸化作用で活性酸素除去
- **長いも**♣✹
  ムチンが胃腸の傷ついた粘膜を修復

【作り方】

1 バナナはフォークの背を使ってつぶし、りんごは皮をむき1㎝角にカットする。

2 バナナ、ヨーグルト、卵、すりごま小さじ1を全体が混ざるまで泡だて器で混ぜる

3 全粒粉、小麦粉をふるいながら2に入れ、ヘラでさっくり混ぜる

4 熱したフライパンに**3**を流し、焼き色がつくまで焼く（片面2分目安）。

5 パンケーキにすりおろした長いもをはさんで完成。

体を温め代謝をあげる生活習慣の心がけ

冷えは血行不良を招いて、代謝と自然治癒力を低下させる大要因です。散歩やリラックスを心がけることで身体を温めましょう。

●低体温はがん・腫瘍体質につながる

健康な犬の直腸温度は、37～39度といわれています。活動量や筋肉量などの個体差でこの差ができます。

人間でもそうですが、体温と血流には密接な関係があります。血液が流れるところは体温が高く、酸素と栄養が届けば代謝も高くなります。

しかし、身体が冷えるということは、血行が悪いことを意味します。血行が悪いと酸素と栄養があまり行き届かず、白血球も行き届かず、そのため、代謝と抵抗力が低下し、病原体感染や老廃物、有害物質などの汚染が進行していきます。そしてそのうちに除去しきれなくなり、体調不良の原因となる可能性があります。感染汚染がひどくなると、細胞が腫瘍化し、さらに深刻な体調不良につながることもあります。

こうならないためには、デトックスが重要なのですが、デトックスの前に注意点があるのです。

●ちゃんと散歩させてますか？

デトックスの前に重要なポイントは、血行が良いかどうか、身体が冷えていないかどうかを確認していただきたいのです。

よく、がん・腫瘍と診断されると、獣医師に「安静にしてあげてください」と言われ、それを鵜呑みにする飼い主さんがいらっしゃいますが、自らすすんでじっとしているならともかく、散歩したいのをガマンさせる必要などありません。

がん・腫瘍は、その部分が血行不良という意味でもあるのです。世の中には温熱療法といって、患部を温めることで治癒につなげる療法があります。これは、がん・腫瘍組織が熱に弱いという理由と、患部を温めることで血流を増やし、治癒のスイッチを入れるということの、両方の意図があります。

このような理由から、血行をよくするために、適度な運動を毎日することは極めて重要です。

●デトックスを妨げる行動はやめる

せっかく食事や運動などに気をつけて、体内汚染を排出するデトックスにつとめても、薬の飲み過ぎを続けていてはデトックスはいっこうに進みません。症状の多くは、リンパ球が異物やがん細胞を処理する治癒反応。薬で症状を抑えても原因が取り除かれたわけでなく、根本の解決にはなりません。それどころか、免疫が排除しようとしている異物を体内にとどめてしまいます。犬の体には、どんな治療薬よりもすぐれた免疫システムがあり、免疫力が高まれば高まるほど病気は改善に向かいます。

薬は飲み過ぎず、上手に使うことが第一です。

また、血行をよくするにはリラックスが何より。犬を優しく撫でて横に寝かせ、静かに話しかけながら、ゆっくりと撫でてあげてください。すると口呼吸ではなく、自然と腹式呼吸になります。

血行をよくするための必須項目

適度な運動

安静にしすぎるのはダメ

がん・腫瘍を改善しようと思ったら、血行をよくすることが最低条件です。

運動をしたら血行がよくなります。運動をしなかったら血行が悪くなります。

では、がん・腫瘍を改善しようと思った場合、運動をした方が良いでしょうか？　安静にしていた方が良いでしょうか？

犬は寝ている動物ではなく、一日中動き回る動物なのです。

無理強いはダメ

かといって、自転車で引きずり回したり、関節が痛むほど激しい運動をさせたり、気分がのらないときや、散歩の時間だからと嫌がるのを無理矢理連れて行ったりするのは逆効果です。なぜならば、身体がリラックスしていないため、望むような効果が得にくいからです。

確かに運動することは、がん・腫瘍の克服に必要なのですが、無理強いはダメです。

どのくらい歩いたらいいのか

散歩時間の1日の最低限の目安は、小型犬は15～20分×1回、中型犬は30分×1回、大型犬は30分×2回ほどです。

もちろん、この数字は目安で、もっと歩きたい子もいるでしょうし、今日は気分ではないという子もいるでしょう。特にデトックスが激しくなると、動きたくなくなることがあります。そんなときは、愛犬のペースに合わせてあげてください。

正しい運動

運動は犬にとって無理、無茶でない程度に。表情を観察して判断しましょう。

こんなのはダメ

自転車で引っ張ったり、犬の速度を無視して走るなどはもってのほか。「引きずらない」「無理はさせない」ことが絶対です。

血液の循環をよくして、がん細胞を撃退！

血行を良くするマッサージ

がん・腫瘍のマッサージ

がん・腫瘍の時になぜマッサージをするのかと言えば、いろいろな理由があると思いますが、大きな理由の一つは、血液の循環を良くして、白血球が患部に届きやすくし、がん・腫瘍を攻撃できるようにサポートしてあげることです。

マッサージは身体のリラックス効果を期待することもあるのですが、血液・リンパの流れをサポートする目的もあります。

基本は末端から中心へ

ヒトの場合、心臓から送られた血液が体内を一周してまた戻ってくるのにかかる時間が40秒程度なのに対し、リンパ液が心臓までたどり着くまでにかかる時間は12～24時間かかります。これは、血液には心臓（ポンプ）がありますが、リンパの循環にはポンプの役割をする臓器がないからです。これを手助けするために、身体の末端から中心に向かってマッサージします。

ダメなマッサージ

これは非常によくあるのですが「さぁ、今からマッサージをするわよ！　最高のマッサージをするから気持ち良くなりなさい！」と、気合いを入れてマッサージする方がいます。

お気持ちはわかるのですが、お互いにリラックスしながらすることが有効なので、飼い主さんが瞑想してリラックス→愛犬の身体を撫でるという手順がおすすめです。

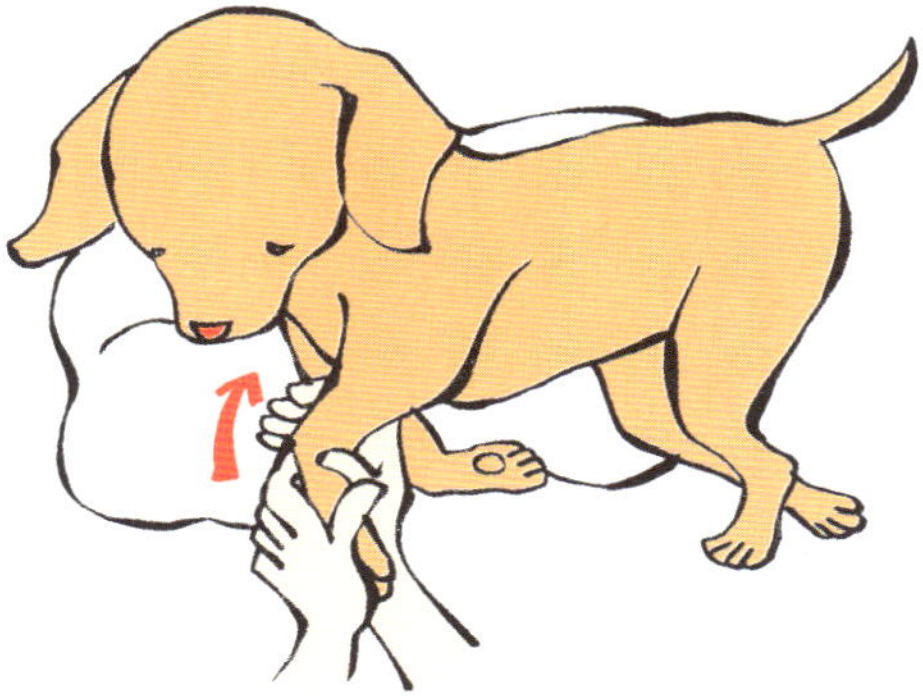

○

心臓に向かって行う

末端から心臓へ向かってやさしく行う。強すぎず、弱すぎず、犬にとって心地のよい強さで行うこと。

○

マッサージの順序

頭→首→背中→しっぽラインを順に撫でながら、お互いにリラックスして行うことが大切。

×

こんなのはダメ

犬を無視した無理矢理なマッサージは厳禁。飼い主さんも気持ちをリラックスしながら行うこと。全てやらなくては！とノルマを課してストレスをためるのは逆効果。

ショウガ温湿布

ショウガの殺菌・温熱効果が効く

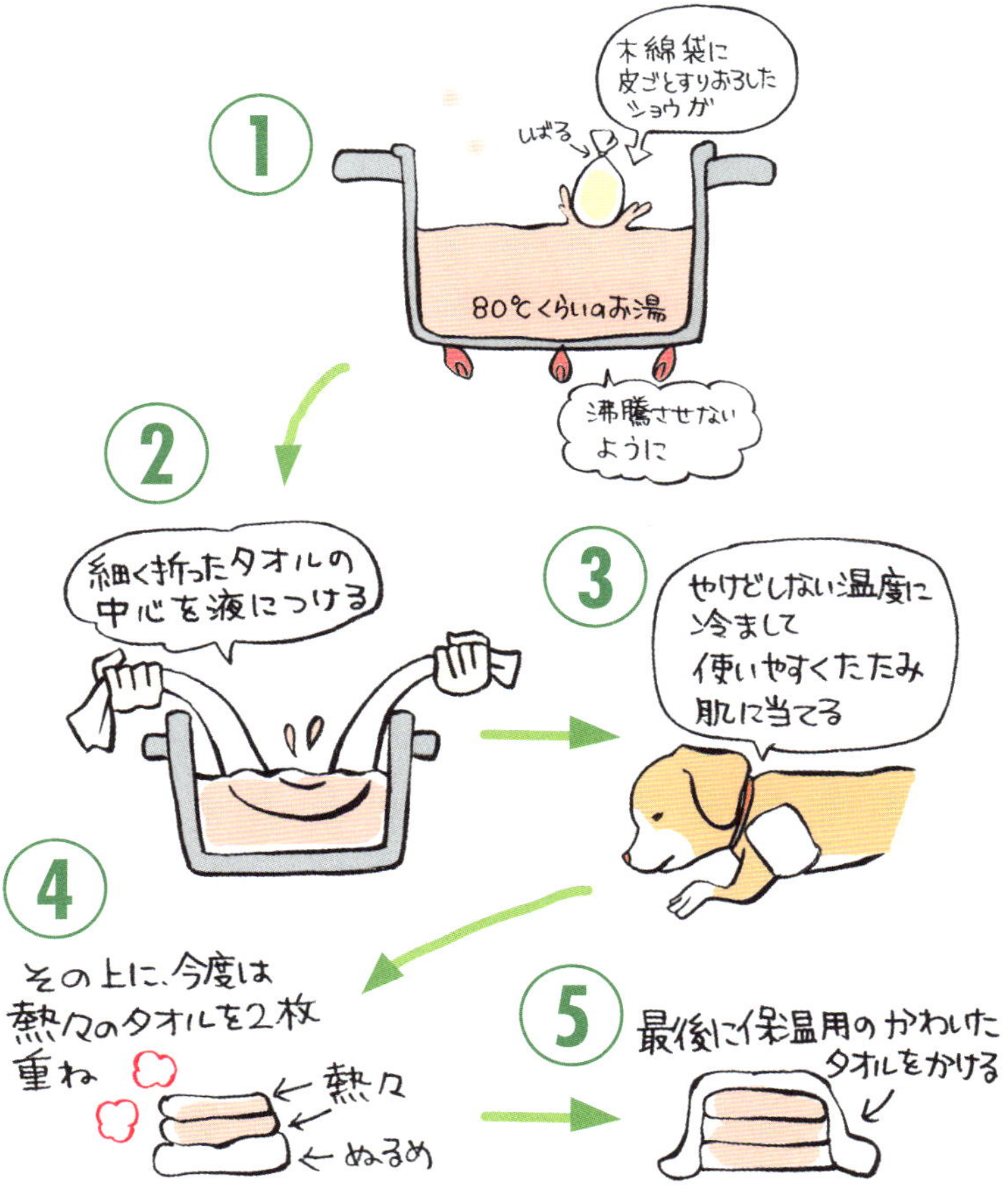
1
木綿袋に
皮ごとすりおろした
ショウガ
しばる
80℃くらいのお湯
沸騰させない
ように
2
細く折ったタオルの
中心を液につける
3
やけどしない温度に
冷まして
使いやすくたたみ
肌に当てる
4
その上に、今度は
熱々のタオルを2枚
重ね
熱々
ぬるめ
5
最後に保温用のかわいた
タオルをかける

手順

1　鍋に 80 度くらいの湯をわかす
2　ショウガを洗い、皮ごとすりおろす
3　木綿袋に **2** を入れ、口をしばる
4　**1** を **3** に入れ、ショウガ汁を絞り出す
　(沸騰させないように気をつける)
5　タオルを細く縦に折り、両端を持ち、両端を濡らさないように
　中央を **4** につけ、絞り、やけどしない程度の温度まで冷ます
6　**5** を使いやすい形に素早くたたみ、皮膚に当てる
7　2 枚目は熱々のタオルをたたんで **6** の上に乗せる
8　3 枚目も熱々のタオルをたたんで **7** の上に乗せる
9　**7** の上から保温用の乾いたタオルをかける

手軽に患部を温める

レンジ蒸しタオル

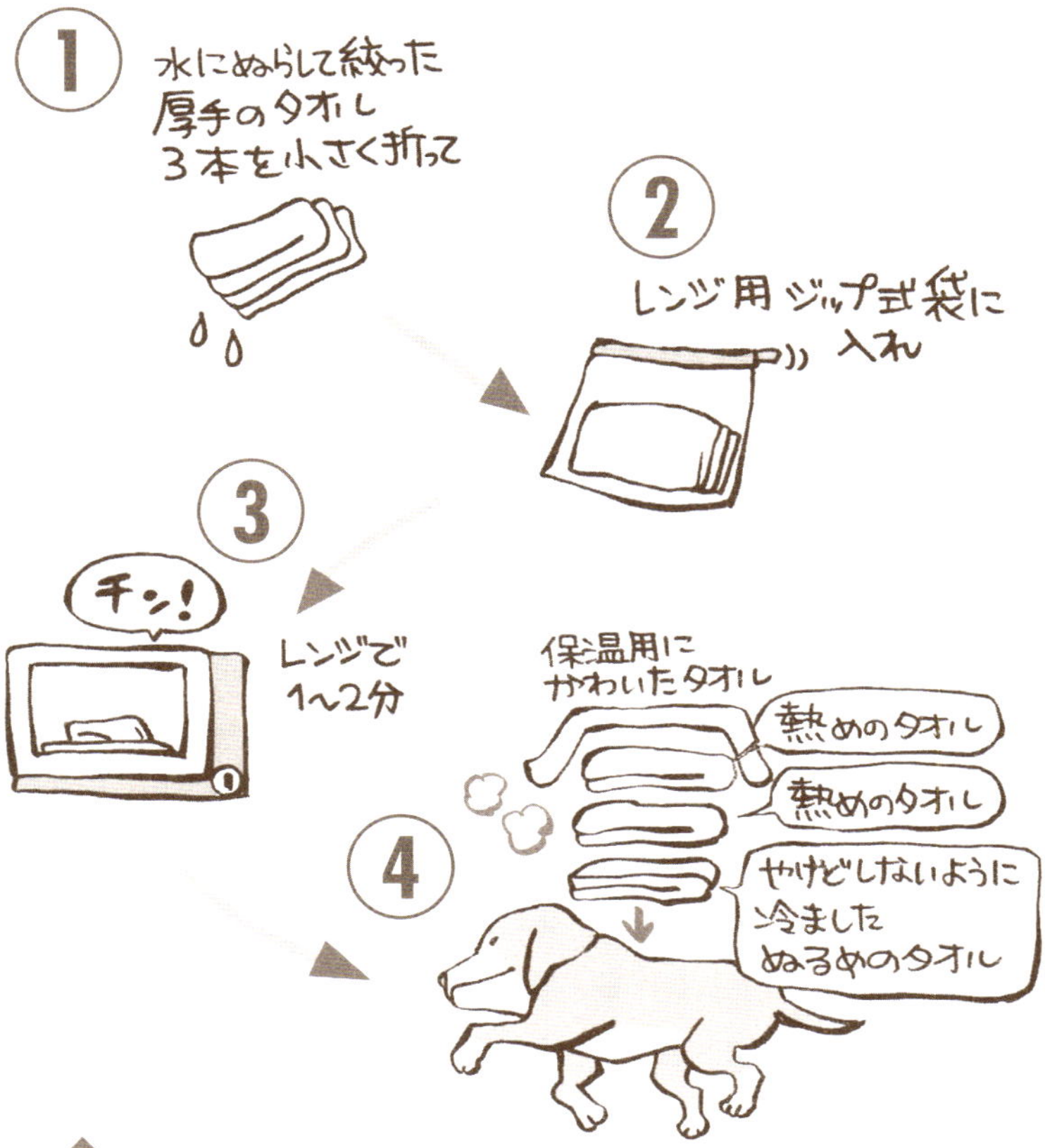
①
水にぬらして絞った
厚手のタオル
3本を小さく折って
②
レンジ用ジップ式袋に
入れ
③
チン!
レンジで
1～2分
④
保温用に
かわいたタオル
熱めのタオル
熱めのタオル
やけどしないように
冷ました
ぬるめのタオル

手順

1　厚手のタオルを３本小さく折る
2　**1**を水に浸す
3　**2**を水滴が出なくなる程度に絞る
4　レンジで使えるジップ式の袋に**3**を入れる
5　1～2分レンジでチンする
6　袋から取り出して、1本を広げて飼い主さんが両手のひらで触れられるギリギリの熱さまで冷まし、使いやすい形に素早くたたむ
7　**6**を皮膚に当てる
8　もう1本のタオルを**7**の上に広げる
9　さらにもう1本のタオルを**8**の上に広げる
10　厚手の乾いたタオルをその上からかけて、皮膚がピンク色に血色がよくなるまで続ける

2章

「がん」が起こるメカニズム

免疫力を高めても治らないナゾ

●余命2ヶ月を宣告されて

ゴールデンレトリーバーのゴンちゃん（9歳）は、左の首にあるリンパ節が突然大きくなり、飼い主さんが驚いて動物病院に連れて行きました。

検査の結果、悪性リンパ腫と診断され、余命半年と診断されました。しかし、飼い主さんが抗がん剤、放射線、手術による治療に抵抗があったため、インターネットで調べ、代替医療を取り入れている動物病院に転院したそうです。

転院先では、免疫力を高める対処として、マッサージ指導、食事療法、ハーブ療法、サプリメント療法等を受けていたそうです。しかし、3ヶ月経っても期待されるような効果がなく、しかもリンパ節がドンドン大きくなり、このままでは死んでしまうかもしれないと心配になられたらしく、当院にお越しになりました。

当院には、ゴンちゃんの飼い主さんのように、がん・腫瘍と診断されて、三大療法以外の選択肢を模索している飼い主さんが探しに探して、お越しくださいます。

そして「この子の免疫力を高めたいのですが、その方法を教えてください。」とか「免疫力を高めると言われるサプリメントを摂取したが、がん・腫瘍が日に日に大きくなっているので、どうしたらいいか？」と言われるのです。

これらのご質問は「がん・腫瘍が免疫力の低下によってのみ生じる」という大前提があると信じていらっしゃるから生じるわけです。

●老廃物、血行不良、自律神経系異常の調整

しかし、がん・腫瘍は必ずしも免疫力そのものが低下したから起こるわけではないかもしれません。つまり、ただ免疫力をあげる特効薬を与え続けるだけでは病気改善にはつながりにくいという事です。

私がまず思ったのは、「ゴンちゃんの許容範囲を超えた感染、汚染があるため、処理しきれずに、結果的に身体がリラックスできずに緊張 → 活性酸素の大量放出 → 細胞の腫瘍化」という可能性です。

一刻を争うことですから、飼い主さんから「身体に悪影響を及ぼさず、有益と思われる治療は何でも良いから取り入れて欲しい」と依頼を受ければ、目の前の苦しんでいる子に良いと思われることを行うのが臨床家です。こう言われるとやたら可能性のある全てのサプリメントなどを飲ませる治療を行う獣医師もいるようです。

しかしながら当院は「症状を消すだけでは問題はほとんど解決しないが、症状が出る根本原因が無くなれば症状が出る理由が無くなる」というコンセプトで治療を行っておりますので、ゴンちゃんの体内で何が起こっているかを探りました。

すると、様々な病原体の感染、重金属や化学物質・農薬などの汚染が強く疑われました。従って、その感染や汚染を取り除くためのデトックス療法を行いました。何かを与え続けるというよりは、排出に重きをおいたわけです。

結果、ゴンちゃんは身体がきちんと反応してくれて、1年半経った今も元気で生きています。

ゴンちゃんの復活のカギは、単純に免疫力をあげるサプリメントなどを飲んだのではなく、病気の根本原因を取り除いたことにあります。「がん」とわかったらまず今までの食事と生活を見直すこと。何かを体に入れるだけでなく、ちゃんと溜まった汚れをデトックスすることが重要なのです。

リラックスすると症状が悪化するナゾ

●リラックス↓免疫力強化と言うけれど

食べることが今生の幸せと言わんばかりに食べることに興味津々のトイプードルのモカちゃん（12歳）は、11歳の誕生日、いつもなら一気にぺろりと平らげる食事を食べきれずに残してしまいました。これまでも月に一度くらいは食欲が無くなることがあったので、「いつもの様に身体の調整を行っているんだろう」と、飼い主さんは軽く考えていました。

しかし、一週間経っても食欲が戻る気配がありません。それと同時に呼吸も荒くなってきたような気がして、不思議に思い身体を触ってチェックしてみました。すると、オッパイの所にアーモンド大のシコリを見つけたのです。

これは大変だと飼い主さんは慌てて近所の動物病院に連れて行ったところ、「これは乳腺腫瘍で、悪性か良性かわからないが、悪性ならば最後は肺に転移して呼吸困難で死ぬから、今のうちに手術で取り除いた方が良い。悪性なら余命半年以内！今すぐ手術を！」と言われたそうです。

身体にメスを入れるのがイヤで、不妊手術ですらやっていないのに、シコリが良性か悪性かわからないのに突然、手術をすすめられたのに驚き、ためらい、以前から気になっていた代替医療も行っている動物病院にセカンドオピニオンとして行くことにしました。そこでは、針治療と漢方とマッサージで様子をみてみましょうと言われ、安心したそうです。

●マッサージをすればするほど腫れた！

その動物病院では、「福田-安保理論」を取り入れており、リラックスすることが免疫力を最大限に発揮できる重要なポイントだと言われ、愛犬のリラックスマッサージ、免疫力を高めるマッサージを教わって、自宅でケアに励んでいたそうです。

しかし飼い主さんの期待に反して、モカちゃんのシコリは日に日に大きくなり、気がつけばゴルフボール大になったのだそうです。

慌てた飼い主さんはまたいろいろお調べになって今度は当院に転院されてきました。

私はいつも通りモカちゃんの体内ではどの様なことが起こっているのかを徹底的に調べました。すると、強い感染と、感染部位に強い血行不良が疑われました。

実はこの様な場合、リラックス→血行がよくなる→免疫担当細胞が感染部位（腫瘍）に集まってくる→病原体を排除しようとする→炎症反応物質を放出→感染部位が腫れる→「シコリが腫れた」様に見えるということがよく起こります。

つまり、モカちゃんの場合、マッサージは別に間違っていたわけではなく、マッサージなどによってリラックスして血行がよくなって免疫力を発揮しやすくなった結果、感染部分が腫れただけだった可能性が高いのです。

かつて、免疫学の研究がまだ進んでいなかった頃、症状は悪いもので止めなければならないと信じられていました。しかし、その免疫学の全体像がほぼわかった今日、「症状は『排除すべき課題が体内にあります』という意味なので、生死に関わらなければ止めるよりはそのまま放置した方が良い」という風潮に変わったのです。

モカちゃんの場合、よくなる過程だったのですが、飼い主さんが慌てて勘違いしてしまったというだけでした。せっかくなので、デトックスも行い、2年経ちましたが、今も元気だそうです。

腫れはデトックスのサイン!?

●リンパ節が腫れている!

アメリカン・コッカー・スパニエルのモーリー君(13歳)は、元来おとなしい子でしたが、2月頃から元気がなくなり、時々呼吸が荒くなってきました。飼い主さんは気のせいかなと思っていたそうですが、そのうち、くしゃみや咳が止まらなくなってきたそうです。

慌てて近所の動物病院に連れて行ったところ、首やアゴのシコリを指摘され、検査をした結果、悪性リンパ腫と診断されたそうです。

担当医からは抗がん剤かステロイドの投薬をすすめられました。理由は「効果があるかどうかわかりませんが、このまま放置したらまず死にます。だから、薬を使って進行を抑えましょう」というもの。

しかし、身内に抗がん剤の副作用で苦しみながら無くなった方が数人いらっしゃるのと、ご自身がアトピーの経験がおありで、ステロイドの恐ろしさを実際に体験されていたので、飼い主さんにとってはその治療をすんなり受け入れることは、非常に抵抗がありました。そして「ちょっと考えさせてください」と、その動物病院を後にし、自宅で他の方法を探していたところ、当院をお知りになったのだそうです。

リンパ節の腫れは、「がん」かもしれませんが、病原体など、排除すべき原因をリンパ節でとらえ、白血球を総動員して病原体退治をしているため腫れている可能性を完全否定はできないのです。

●なぜ腫れているのかが問題

当院では、「リンパ腫→リンパ節が腫れている→病原体や有害物質がリンパ節で免疫応答を受けている結果、腫れているだけという可能性を完全否定できるか?」と考えています。

免疫応答の結果として腫れているだけだったら、身体のデトックスを手伝ってあげればいいので、不安が軽くなります。

実は、腫瘍だと診断されてやってきた子に、体内状況を探って、その子にマッチするデトックス法を実行すると、リンパ節のシコリが消えることがあります。中には一度大きく腫れてから消えることもあります。

これらの経験から、腫れたら全て「がん・腫瘍」と落胆するのではなく、「そこで何が起こっているかを考える姿勢が重要だ」と私は思うのです。

また「腫瘍の大きな原因の一つは活性酸素」と言われています。活性酸素は生活習慣病の元凶ということで、活性酸素を除去すると効能をうたって販売されているサプリメントも多いものです。

当院ではその治療法が個々にに合うか合わないかもその場で推定できますので、その子にあった活性酸素除去法を探り、それを実践してみたことがあります。確かにシコリが小さくなることがあるのですが、現在の当院ではこの方法はほとんどの場合採用していません。

というのも、活性酸素が出るにはそれなりの意味、理由があり、その根本原因を排除することなく、活性酸素だけ取り除いても、またすぐ出てきますし、あまり意味がないと感じたためです。

飼い主さん達は、急に愛犬のシコリが腫れると、驚き、焦ってしまいますが、原因がわかれば落ち着いて対処できる方が多いです。また、急に腫れた場合、ひょっとしたら腫瘍が悪化したのではなく、単に正常な免疫応答の結果、腫れているだけかもしれません。

くしゃみ、鼻水、鼻づまりは要注意！

●病原体を排除しようとしています

これは、全ての飼い主さんに覚えておいていただきたいのですが、この地球上のありとあらゆる所に病原体がいます。無菌室でもない限り、私たちと愛犬を取り巻く環境には病原体や、様々な化学物質がたくさんあります。ですから、日常生活で胎内への病原体感染や、有害物質の汚染は普通にあることです。私も毎日診療を通じて、たくさんの病原体を吸い込んでいます。

　でも、なぜ寝込むほどの症状が出ないかというと、免疫力をはじめとした身体の防御システムが正常に機能し、大事に至る前に処理してくれているからです。くしゃみ、鼻水、鼻づまりは身体に備わった正常な排除のしくみなのです。

●病気のサインを見逃すな！

ですから、本当はこの様な症状が出たときは「あぁ、何か排除すべきものを吸い込んだのね。身体が正常に機能してくれている、ありがたい。」と解釈すればいいのですが、中には「なぜそこでその症状が出ているのか？」を考えずに、薬を使って症状を消そうとする飼い主さんも少なくはありません。症状自体はデトックスのサインなので消す必要は無いのですが、この症状が毎日あるということは、室内に病原体や不要物質が多いということかもしれません。

　愛犬の許容範囲を超えた感染・汚染は腫瘍の原因の一つです。サインを見逃さず、適切に行動・対処したいものです。

体臭・口臭もがんのサイン

●体臭が出るほど老廃物が蓄積している

柴犬のココちゃんは、突然体臭が強くなり、動物病院に連れて行って検査をしてもらったところ、肝臓に腫瘍がみつかりました。

その後当院で、食事の見直しをし、病原体、汚染物質のデトックスを行ったところ、体臭が落ち着き、問題の腫瘍もほとんどなくなりました。

この様に、愛犬が突然体臭が強くなった場合、体内に排泄すべき課題が増えてきたことを意味する可能性があります。その量が愛犬の処理能力の限界を超えたとき、中には腫瘍化することもあるかもしれません。大切なことは老廃物をため込まない日常生活を送ることと、定期的に身体の老廃物を排除することと考えます。

●歯周病が「がん」になる？

腫瘍の原因の一つが「愛犬の処理能力の限界を超えた感染・汚染の存在」と考えられています。ということは、体中に病原体をまき散らす原因となりうる歯周病は、腫瘍の原因となりうる恐れがあります。

当院でも、治りにくい子達の特徴の一つが歯周病をベースとした口臭の強い子です。

歯周病があると、その患部は病原体の源となり、デトックスで身体から病原体を抜いても抜いても、新たに供給されるため、ゴールが見えなくなります。飼い主さんには大変だとは思うのですが、日常生活での口内ケアは「できたら」ではなく、「必ず」やっていただきたいものです。

「がん」の主な原因は感染か!?

●腫瘍を抗生物質で治す先生

私が師事した獣医師の先生で、もうすでにお亡くなりになられたのですが、何でもかんでも抗生物質を使う先生がいらっしゃいました。

何でもかんでもというと、いい加減な治療をやっていた様に聞こえるかもしれませんが、そうではなく、緻密に検査をしながら抗生物質を使っていらっしゃいました。

その先生の持論は「全ての病気は病原体感染が関係している」でした。現代は検査法のレベルが上がり、いろいろなことがわかる様になりましたが、逆に検査で数値化できないものは見過ごされる様になりました。そのため、「おじいちゃん先生」に今は見過ごされる様になったけど大切な診療技術を教わっていたのです。

その先生は口べたで十分に説明をしない方だったので、患者さんからは「あの先生は何でもかんでも抗生物質だ」と陰口を言われていました。私はその裏の緻密な思考を知っているため、「いえいえ、そんなことはないんですよ。」と解説をしたことが何度もあります。

そこで経験したことの一つが、腫瘍を抗生物質で治すという技でした。この先生はどんな腫瘍でも抗生物質を使うのですが、短期間ですっと治る子が出てくるのです。

先生曰く「腫瘍の原因は感染症です」

この言葉が、私が一番最初に腫瘍と感染の関係を知ることになったきっかけでした。

●細菌ウイルス寄生虫を抜くと治る

その先生の研究業績と、他の先生方の病原体デトックスのスキルを取り入れて、腫瘍と診断された犬に対応すると、もちろん全てとは申しませんが、食事療法とサプリメントによる病原体デトックスだけで治る子が3割くらいはいます。よく飼い主さんから「あの心配、不安は何だったんだ?」という感想をいただきます。

これに、本格的なデトックスや、血行改善やリラックス、自律神経系の調整を入れると、さらに反応する子が増えてきます。

もちろん、東洋医学的な治療は、一頭一頭原因や条件が違い、やることが皆違いますから、西洋医学の様に正確な統計データはとれません。

しかし、病原体のデトックスを行うことで、身体が正常に機能し、自然に治ってくれた例を何度も経験してきました。

当院では、感染症対策に「熟した果物の種の中身(胚乳部分)」を使っております。これまでも、数々の感染症に「熟した果物の種の中身」をすすめてきましたが、非常に有益だと感じております。

飼い主さんにもその効果を愛犬で体験している方が増えてきて、愛犬が腫瘍だと診断されたときに熟した果物の種の中身を試してみたところ、1ヶ月程度でシコリが消えたというご報告をいただき「腫瘍も果物の種で治るんですね!」とよくいわれます。

しかし、私は腫瘍が果物の種で治るのではなく、腫瘍の原因となった感染が果物の種で除去できた結果、腫瘍が存在する理由がなくなったのではないかと考えています(飼い主さんにしてみれば治れば理屈はなんでも良いとは思いますが…)。

もちろん、全てのがん、腫瘍が感染症で、デトックスすれば治る等と言うつもりはありません。しかし、治療の選択肢の一つとして、病原体デトックスは試してみる価値はあると思うのです。

「がん」が治った！

●余命宣告→辛い延命治療？

物事には必ず原因があります。原因のない結果は何一つありません。時々「原因不明」ということがありますが、それは「現時点で、手持ちの手段では原因を探れない」という意味であって、本当に原因不明なのではありません。

これは化学療法を選択した飼い主さんからうかがった話です。

あるミニチュアシュナウザーは、肥満細胞腫と診断され、余命半年、腫瘍が見つかる度に手術をし、抗がん剤などの化学療法を受けていたところ、毛が抜け、下痢・嘔吐を繰り返し、みるみる体力がなくなり、散歩にも行かなくなり、食欲もなくなり、ついには立つこともできなくなり、治療を始めてたった3ヶ月で力尽きたそうです。

また悪性リンパ腫と診断されたあるゴールデンレトリーバーは、抗がん剤による化学療法で体力がドンドン低下し、骨髄抑制が起こったためか、身体に備わっていた免疫力がほとんど機能しなくなり、最後は体中に「腫瘍」が広がり、肺にも「転移」して苦しみながら呼吸困難で亡くなりました。

またある柴犬は、口の中にメラノーマができ、切除するにはあごを切り取る必要があるといわれましたが、飼い主さんが拒んだため、抗がん剤を用いた化学療法を行いましたが、抗がん剤を投与してすぐ下痢になり、下痢止めの薬を処方され、今度は吐く様になったため、吐き止めの薬を処方され、咳が出始めたので咳止めと心臓の薬を処方され、最終的には13種類の薬をのんだそうです。

●三大療法以外の選択肢があることを知る

もちろん、私は現代医療を完全否定する立場にはありません。現代医療のお陰で命を救われた子達を沢山知っているので、現代医療はダメだ！などと感情的に申し上げることはありません。

しかし残念なことに、先ほどの柴犬も、メラノーマ宣告から8ヶ月の「投薬生活」で激やせして亡くなりました。

この様に、いわゆる「ちゃんとした」「現代療法」の手術、抗がん剤も、不適切な適応をすることで、飼い主さんの期待とは異なる結果につながることが少なくありません。

では、何をしたら治るのでしょうか？

この問いのヒントは「治った例」を綿密に調べることで得られるのではないでしょうか？

例えば、今までの子達と同じように三大療法（抗がん剤、放射線、手術）を受けて、今元気にしている子達がいます。一般的に三大療法は体力をすり減らしますが、この子達は三大療法を受けてもまだ体力が残るほど、基礎体力があったのかもしれません。担当してくださった獣医師の技量がよかったという点も非常に重要なポイントです。

その一方で、三大療法に対して飼い主さんが抵抗があるため、愛犬が代替療法といった、別の方法を選択しなければならないケースもあります。

では、代替療法では治らないのでしょうか？

そんなことはありません。人間の場合ですが、海外ではむしろがん・腫瘍の治療に代替療法を選択する人の方が多いのです。日本はまだ一般の方がそういう情報に触れる機会がないため、ご存じないので、選択肢に上らないということはありますが、確実にその波はやってきています。

当院の代替治療で治った子たちの実例は5章で紹介しています。

がん・腫瘍を克服した例の共通点

●代替療法以外の方法で治るのはなぜ？

非常に重要なことですので最初にお伝えしておきますが、がん・腫瘍は治る可能性のある病気でですが、簡単な病気ではありません。この本では、家庭でできるケアをお伝えはしますが、必ず、食事指導等に精通した獣医師の指導を受けてください。ちょっとした飼い主さんの誤解が、後悔することにつながることが少なくないからです。

重要な前置きが終わったところで本題に入りますが、まず食生活が重要です。がん・腫瘍と診断されて、インスタント食品というのは考えものです。立場が変わって、あなたがその様な生活を強いられたらどう感じるかを考えてみてください。

よく、栄養バランスがという屁理屈を持ち出す方がいらっしゃいますが、個々のケースで必要な栄養バランスは変わります。ですから、「これを食べればどんな犬も大丈夫」という食品を作ることは出来ません。この様な食事に関する詳細は、既刊の『症状・目的別栄養事典』や『愛犬のための症状・目的別食事百科』をご参照ください。

大切なことは、老廃物を排除するためには水分が必要ということです。そういう意味で、ドライフードより缶詰、缶詰より混ぜご飯、混ぜご飯よりおじや・スープかけご飯がおすすめなのです。

摂取水分量が増えることで、身体がデトックスモードになりますから、これだけでも健康になります。後は、体に何が残っているかを調べて、それらを排除することを目標とします。

●リラックスとマッサージは全ての基本

次にリラックスと血行の改善が重要です。どんなにいいものを食べても、デトックスのサプリメントや薬をのんでも、必要なところに届かないのでは意味がありません。当院では、飼い主さんと愛犬のリラックス法とマッサージをお伝えしておりますが「全ての基本」として極めて重要です。

次に多いのが化学物質や重金属の蓄積です。質の良くない食品を食べているとどうしても毒素が蓄積してきます。食べたもので身体は作られますから、食事にはこだわりたいものです。ただし、最終的には「何を食べても大丈夫な身体」を目指すのが須﨑流です。

あとは、病原体のデトックスです。感染を免れることはなかなか出来ませんが、適切に対処できる処理能力を身につけることは、とても大切です。

がん・腫瘍を克服した例の共通点は？

1. 水分を十分に含んだ、旬の良質な食材を使った、愛犬が喜ぶ食事
2. 飼い主さんと愛犬の精神的リラックス
3. マッサージをはじめとする「触れる」ことで肉体のリラックス
4. 体内に蓄積した化学物質や重金属を薬草・ハーブなどでデトックス
5. 細菌、ウイルス、寄生虫、カビなどの病原体対策

愛犬が「がん体質」になっていないかをチェック

【生活チェックシート】

1	なんとなく元気がない	
2	疲れやすい	
3	体臭が気になる	
4	オシッコの色が濃い黄色で匂いが強い	
5	勝ち負けや成績を求める運動やしつけなどしてないか?	
6	最近環境がかわって、寂しく感じていないか?	
7	薬を常用している	
8	睡眠時間が短い	
9	呼吸が荒い	
10	姿勢が猫背だ	

がん特有の症状というものはありません。しかし、がんは複合感染・複合汚染が大きな原因の一つです。感染・汚染が少量でしたら身体の排除メカニズムで問題なく処理されるのでしょうが、量が増えるとだんだん蓄積し、それが神経系の緊張→血行不良→結果的にデトックスしないと排除できない状態になるようです。

【食事チェックシート】

項目	チェック
1 食事の時間や回数が不規則	
2 食事はドッグフードが中心	
3 冷たいものを食べる	
4 野菜・きのこ類をほとんどとらない	
5 小魚、海藻類をほとんどとらない	
6 ビスケットやジャーキーなどの間食が多い	
7 常時食べ物を与えている	
8 過食または拒食	
9 便秘または下痢をしやすい	
10 足が冷えている	
11 肥満が進行している	

食事は極めて重要です。季節の食材を、室温に近い温度で、適量食べることが重要です。よくある間違いとして、量が多すぎる、加工食品の摂取量が多いことが上げられます。免疫との関係では、空腹だと免疫力が上がり、満腹だと免疫力が下がるという傾向があるようです。食べたもので身体が作られるのです。

「がん」は感染症？ 犬、猫の感染源は鼻？

●「がん」の原因は活性酸素といわれている

ちまたでは、大量に発生する活性酸素が、がん・腫瘍の大きな原因の一つだといわれています。

確かにそうなのかもしれません。しかし「身体は不必要なことをしない」という原則があり、何の原因、理由もなく、活性酸素が出るわけはありません。

活性酸素が出るということは、活性酸素が出るような理由が体内にあるということではないでしょうか？　では、どんな理由があると活性酸素が、しかも大量に出るのでしょうか？

老廃物の蓄積が多かったり、化学物質、重金属などによる体内汚染や病原体の感染が強いと、活性酸素が大量に出るという可能性があるのです。

●病原体排除したらがんはどうなる？

当院には、三大療法以外の選択肢を求めている飼い主さんが来院されるため、これまでも三大療法以外の打つ手を様々用意してきました。その中で、根本的な解決策だと自信を持っているのが、病原体排除と化学物質重金属デトックスなのです。

乳腺腫瘍やリンパ腫はわかりやすいので例としてあげますが、感染・汚染の原因がわかれば、それを排除することでシコリが小さくなることがあります。もちろん、そのままの大きさで固まることもあります。

感染が先か、がん化が先かなのはわかりませんが、がん・腫瘍といわれる部分には、どうも感染・汚染が関与しているようなのです。

●感染が先か、腫瘍化が先か？

これまで当院で、がん・腫瘍が治ったケースを見直してみると、病原体デトックスが完了した子達がほとんどでした。

もちろん、これは私が経験した子達の話なので、普遍化するのには時期が早すぎますし、今後の十分な検証も必要だと思います。

しかし、強い感染が原因で腫瘍化することがある可能性があり、その仮説を完全否定する証拠もありません。

少なくとも「打つ手はなく、三大療法で延命を図るしかありません」という状態よりは、できることがかなり増えますし、飼い主さんも希望も持てると思うのです。

しかも、犬、猫の場合、感染経路のほとんどが鼻からだと思われますので、経鼻的な除菌の方法がさらに確立できれば、かなり状況が変わるのではと思っています。

がんの素朴な疑問 Q&A

Q 獣医師から何もしなければ明日にでも死ぬと言われました。

A. 結果はともかく、今できるベストを尽くしてみませんか？

ほとんどの獣医師が、目の前で苦しんでいる子を何とか助けてあげたいと思っています。選択する手段はそれぞれ違うにしても、そこの気持ちは同じはずです。そこで私は「今、提示されたことをやって死んだ場合と、やらずに死んだ場合、自分はどちらを選択した場合により強く後悔するか？」-- この質問に出した答えに従うのがよいかと思います。確かに学びをすすめていくにつれて、将来的にはもっと良い方法が見つけるかもしれません。しかし、あなたが今考え得るベストな選択をすれば、愛犬は必ず感謝してくれるはずです。また、このように急に大きな決断をしなければならないときのために、普段から適切な情報収集をしておくことをおすすめします。また、ご自身の判断に自信が持てない場合は、信頼のおけるプロにアドバイスを求めるのも選択肢の一つかもしれません。

がん・腫瘍を克服したステップ

●排泄に必要な水分を確保する手作り食

もし、あなたが病気で寝込んでいるとき、インスタント・フードを出されるのと、ジックリことこと煮込んだおいしいスープを出されるのとどちらが身体に良いなぁと思われますか？　そんなことは質問することもなく、答えは決まっていると思います。

愛犬の場合も、がん・腫瘍になったときは「旬の新鮮な食材を使った食事」が理想です。ドライフードを食べている子にはオシッコの色が薄い黄色になるくらいまで水をたっぷり追加する必要がありますが、手づくりのごはんなら通常70〜80％程度が水分ですから、それだけで、デトックスに必要な水分が補給できます。

●血行をよくするリラックス

水分対策と同時に重要なのが、体内循環（血液、リンパ）の流れを良くすることです。

一番簡単な方法としては、十分な散歩をするということです。夜眠れないというのは身体が疲れていないということですから、もっと十分な時間散歩する様にしてください。

また、飼い主さん自身もリラックスし、マッサージをすることもおすすめです。

さらに冬などは身体が冷たい子も少なくないので、身体を温めることも重要です。食事にショウガなどを入れることもありですし、レンジで温めるタイプの湯たんぽや、繰り返し使えるエコカイロなどを準備しておくと何かと重宝します。

●水↓血行↓デトックス

身体の流れがよくなったら、デトックスに取りかかります。ときどき、いきなりデトックスを始めてしまう方がいらっしゃいますが、血液やリンパの流れが悪いところでデトックスを始めても、肝心な所に有効成分が届かず、結果的に努力が報われない可能性があります。

化学物質、重金属、病原体を排除する過程において、かなり多くのビタミンやミネラルを消費しますので、主食は米にして、その他食材も28ページ〜を参考にバランスよく補給してください。

サプリメントを使う場合は、実績のあるものをお選びください。当院では、うちの基準に合うものがなかなかみつからず、かなり苦労し、結局自分で作ったという経緯があります。また、同じものが他の子に合うとも限らないので、「うちの子に望む結果をもたらすもの」をプロのアドバイスを参考にご選択ください。

がんの素朴な疑問 Q&A

Q 食事や生活を改善するだけで「がん」は治るものなのでしょうか？

A. 必ずしもそうとは限りませんが、治る可能性もあります

私は10年間、犬と食事と病気治療の関係を調べ、診療に応用し、効果を確認してきました。ですから、食事のパワーも経験していますし、食事のパワーの限界も人一倍経験してきました。振り返ってみると、確かに食事を変えるだけでがん・腫瘍が治った子達もいましたし、逆に食事を変えただけではどうにもならず、他の方法と併用して改善できた子、改善できなかった子達もたくさんいました。ただ、治った子達のことを振り返ると、それが「そもそもあれは本当にがん・腫瘍だったのか？」という根本的な疑問もあるのです。

また、実際の治療は、本に書いた通りに事が運ばない可能性もあり、個々のケースでかなり調整が必要なのが現実です。ですから、治療に当たっては、食事療法の経験が豊富な獣医師のアドバイスを受けながら行うのが一番だと思います。

血液の汚れと冷えが「がん」をつくる

●「がん」の原因は複合感染と複合汚染

「がん」の主な原因として知られているものは、遺伝的要素、ウイルスや細菌、紫外線、放射線、一部の食品添加物、一部の化学物質などがあります。

イギリスのリチャード・ドール卿は、さまざまな統計をもとに、「がん」の原因の約40～50％は食品や添加物などによるものと発表しました。つまり、およそ半数は口から入る物が原因となっているということです。つまり、「食事」は大変重要です。

よく、発がんの原因は活性酸素であるといわれます。ヒトも犬も、口から摂った食品を体内で燃やすことでエネルギーを得て生きています。その燃やしカスが活性酸素です。活性酸素は、周囲の細胞や物質を酸化させ、傷つける強い力を持っています。そのため、体内に活性酸素が多くなると発がんの大きな要因になるのは事実です。しかも、生きている限り、体内で活性酸素ができることは避けられません。しかも、活性酸素は、体内で病原菌を退治する役割もあるので一定量は必要です。

そこで体には、活性酸素を速やかに除去するシステムが本来備わっています。

しかし、体内の毒素がその個体の許容量を越えたとき、発がんという形であらわれます。

体内の毒素や感染・汚染を排除できるようにするためには、免疫力を正常に発揮でき、かつ不要なものをオシッコやウンチで排出できる体内環境づくりが重要になります。

●身体の冷えは感染・汚染を悪化させる

身体が冷えるところは血行不良があるところです。血行不良があるということは、局所の緊張もあるでしょうし、デトックス成分が行き届かず、白血球も行きにくい状況ですので、自然といろいろなものが感染・蓄積しやすい状態です。この新たな感染・汚染が、さらにコンディションを悪化させ、また血行不良…と悪循環を繰り返します。

ここで、血行を良くさせるべく、身体を温めたり、運動したり、マッサージをしたりすると、強烈な症状が出ることがあります。しかし、これは血行がよくなった結果、白血球がたくさんやってきて、そこにある課題を解決しようとしている課程で生じることですから、不快かもしれませんがご心配には及びません。

ですから、昔から「腫瘍の塊は温めるとよい」といわれているのです。

がんの素朴な疑問 Q&A

Q 手づくり食を長年してきたウチの子がなぜ「がん」になったのでしょうか？

A. 食事とは関係ない理由があるからではないでしょうか？

診療・電話相談において、このようなご質問を非常によくいただきます。「私の手作り食のレシピが問題だったのでしょうか？」「やはり厳密に栄養計算しなければいけなかったのでしょうか？」「生食を食べさせていたから？」「加熱食を食べさせていたから？」など、いろいろな疑問・後悔の言葉に触れます。

確かに、がん・腫瘍になる原因の一つに食生活はありますが、それが全てではありません。また、人間でも、駄菓子にカップラーメンの生活で何ともない人もいれば、普段は食材にかなり気を遣っているのに、ちょっと油断しただけで体調が悪くなる方もいらっしゃいます。このように、受け手側の反応パターン次第でずいぶん結果が変わってきます。がん・腫瘍は原因が複雑ですから、「食事以外の根本原因」の究明とそれらの排除に取り組まれることもおすすめします。

栄養補給よりもデトックス

●空腹は免疫力アップ、満腹は免疫力低下

ヒトも犬も動物は食べ物や水分を摂り、空気を吸って生き、維持されています。体の中に入ってきたこれらのものすべてが完全に使われてしまえば、問題はありませんが、必ず体内に燃えカスが必ず残ることになります。これらは体が正常に機能しているうちは、目ヤニ、涙、オシッコ、ウンチといった具合に老廃物として体外に排出されていきます。しかし、こうした老廃物が正常に排泄されないと、がん・腫瘍という形であらわれることになるのです。

病気になったというと、何か特別なものを食べさせなくては！と与えることに意識が集中しがちになります。しかし、体内には老廃物・毒素が溜まっているのです。それを排出されるにはどうすれば良いかを考えなくてはいけません。

まず食事に注目すると、過食や肉、卵、牛乳などの動物性食品の摂り過ぎは、血液を汚し、毒素を蓄積することになります。しかも、過食やこれらの食品は、腐敗物や老廃物を腸に充満させ腸を汚す原因となります。それらが血液に吸収されて血液を汚し、病気を起こすというメカニズムです。

ではどうすれば良いのか。まず、お腹が空いてもいないのにご飯を与える必要はないということ。腸内の浄化、ひいては血液の浄化には、食物繊維を十分に摂取することが大切です。具体的には、穀類や菜食を中心に少量の魚介を食べさせることがポイントです。

●断食療法は獣医師の管理の下で

デトックスに有効な食材は、食物繊維たっぷりの野菜・海藻・果物が第一です。食物繊維とは、セルロース、ペクチン、リグニンなどの植物の細胞壁を形作っているものと、植物ゴム、海藻の多糖類などを言います。ヒトや犬の腸の中では、消化も分解もされない物質であることから、かつては有害になることはあっても、役に立たないと考えられていました。しかし、1970年代にイギリスの外科医・バーキット博士の調査報告がその常識を覆しました。コンニャクのグルコマンナンや野菜や穀物のセルロース、リンゴやミカンのペクチン、海藻のカラゲナンなどの食物繊維には、体の毒素を体外に出すデトックス効果があります。

さらなるデトックス効果を得るため、ある一定期間、固形物を摂らない断食療法などもありますが、それは生死の危険を伴うので、経験豊富な食事指導のできる獣医師に任せてください。

がんの素朴な疑問 Q&A

Q 子供の頃の虚弱体質は影響しますか?

A. 影響する可能性はあります

これは非常に重要なことですが「症状」は免疫応答の結果生じる「体内に解決すべき問題があることをお知らせするサイン」ですから、体内に病原体等の感染が多く、その結果免疫応答が起こった結果、症状が出たため「虚弱」というレッテルを貼られていただけということもあります。その場合、実は「身体が弱かった訳ではなく、免疫抵抗力が強い結果、症状が強く出ていただけで、むしろ身体は丈夫だった。」という可能性もあります。

当院でも、子供の頃から虚弱体質で、病気ばかりしていた子ががん・腫瘍になったというケースは珍しくありません。しかし、病原体等を排除することでシコリなどの症状が消えることもあります。幼少期がどうだったかということよりも、今どういう状態なのかを探り、適切な処置を施すことが重要と考えます。

3章

治療方法を考える

三大療法は完璧ではない

●三大療法を選択して亡くなった友人達

がんや腫瘍と診断されると、かかりつけの獣医師からいわゆる三大療法をすすめられることが多いと思います。私自身は世界中で一般的に行われているこの三大療法を完全否定するつもりはありません。問題解決のスペシャリストの条件はできるだけ多くの選択肢を持つことですし、「条件が変われば結果は変わる」という科学の大前提がありますから、いかなる方法も「完全否定」することは、治療家としては好ましい態度とは思えません。

しかし私の経験では、がん、腫瘍と診断された私の友人達（ヒト）で、この三大療法を選択して完全復活した者は、今のところ「ゼロ」人なのです。１３７人の友人のケースで「ゼロ」人なのです。

亡くなる2週間前ぐらいに、深夜2時頃、私の携帯電話に、本人は精一杯声を出しているんだけれど、私にはかすれてわずかに聞き取れるような声で「俺、まだ大丈夫かなぁ……。もう、だめかなぁ……。」という電話がかかってくることが何度もありました。

そのたびに、獣医師であるが故に何もお役に立てない自分の非力さを感じ続けてきました。

●世の中に完璧な方法など無い

当院に診療にいらっしゃる飼い主さん方のお話しを総合しますと、かかりつけの獣医師にこう言われるのだそうです。「このままこの子を放っておけば『死ぬ可能性が極めて高い』。もちろん副作用もあるし、治療途中に亡くなることもある。しかし『これ以外の方法はなく』『治るケースもあるから』『試してみる価値はある』のではないでしょうか？」

そして、イチカバチかで挑戦してみた方が多かったようです。

しかし、実際やってみたところ、あまりにも副作用が強くて途中で断念した飼い主さん、私のように身近な方が三大療法の強い副作用を伴いながら亡くなった経験を持つ飼い主さん方は、三大療法以外の選択肢も検討されるようです。

アメリカ政府は、１９９０年ＯＴＡリポートで「代替療法の方が、三大療法より優れている」ことを公式に認め、いまやアメリカでは三大療法と代替療法との比率は４：６と逆転しているという話があります。二者択一を迫るわけではありませんが、愛犬の命を守るためにも、飼い主さんが視野を広げてみることも重要かもしれません。

がんの素朴な疑問
Q&A

Q 犬種による「がん」の発症率の違いは何故あるのでしょうか？

A. 遺伝、後天的な影響などが関係していると思われます

ちまたでは、この犬種にはこの病気が多いという情報があります。

まず考えられる原因は「遺伝」です。しかし、遺伝子の研究をやっていた人間なら誰でもわかることですが、遺伝子は環境が成立しないと発現できません。ですから、がん遺伝子を持っていたとしても、それが発現する条件が体内でそろわなかったら、何も起こらないのです。ですから、ある特定の遺伝子があることと、発病することは全く同じではありません。

次に反応性ですが、同じ病原体が感染しているのに、過剰に反応する子と、全く反応しない子がいます。これも、自律神経系の調整を行うことで反応を変えることが出来るようです。生まれ持った特性はあるようですが、後天的に反応を変えることは無理ではないと感じています。

リンパ節まで切除する手術は危険

●なぜリンパ節が腫れるのか？

リンパ節はどんな働きをしているかご存じでしょうか？　リンパ節はヒトや犬に備わっている免疫器官の一つで、リンパ管系（全身から組織液を回収して静脈に戻すシステム）の要所要所に位置しています。組織内に進入した病原体や、体内で生じた異常物質などが血管系に入り込んで全身に循環してしまう前にリンパ管系で捕獲し、免疫応答を発動して排除する働きがあります。

リンパ節は、通常は触ってもわからないほどの大きさですが、何かを捕獲して攻撃しているときは、触ってもわかるほど腫れることがあります。

このように、リンパ節が腫れている状態は、リンパ管系のリンパ節より上流側に位置する末梢組織に、何かが起こった（病原体や有害物質の進入、もしくは悪性新生物などの発生など）ため、それに対する免疫応答が発動したことを意味します。

ヒトでは、体内にがん細胞が毎日３０００個くらい発生しているそうですが、免疫系がそれらをほぼ完全に排除しています。たとえ、がん細胞が遊離して組織液に逃げてリンパ管に入った場合も、リンパ節で捕獲し、リンパ球が追いついて、攻撃・破壊するというすばらしい防御システムなのです。

しかし攻撃しきれない場合、リンパ節でがん細胞がそのまま増殖し、「転移」とよばれる状態になることがあります。こうなると、リンパ節ががん細胞の発生源のような感じがしますが、果たして本当にそうでしょうか？

●デトックスで、リンパ節の腫れがひく

私は実際の診療で、腫瘍の原因と思われる病原体や汚染物質のデトックスを行い、リンパ節を温めることで、リンパ節の腫れがひくことを経験しています。私は、「がん・腫瘍は体内感染・汚染がその子の処理限界の極限に達したことを身体に教えるためのサインとしての形態変化」だと考えています。従ってその原因を排除すれば、がん・腫瘍という形態をとり続ける理由はなくなり、腫れがひくことは別に不思議なことではないと考えています。

私はこれまで、乳腺腫瘍のシコリが体表からポロリと落ちてキレイに皮膚が修復したケース、歯茎にできた腫瘍が口を閉じられないほど大きくなったあげく、それがポロリと落ちたケースなどを経験させていただきました。リンパ節も同様に小さくなる可能性があるわけですから、むやみに切除する処置には疑問が残ります。

がんの素朴な疑問 Q&A

Q 「がん」が転移した臓器は全て取れと言われました

A. それは昔のやり方です

昔、「がん」がどんなものかわからなかった時代、「がん」は取り除けば良いという考え方がありました。しかし、私たちの身体で不要な臓器・組織は何一つありません。また、私たち人間の身体では毎日約3000個のがん細胞が出来ては、免疫力で排除していると言われています。つまり、自分でがん細胞を消す能力があるということです。今日、がん・腫瘍は、複合感染・汚染が極限に達した結果生じる形態変化と、自律神経系のコントロール不調により、免疫力が低下した結果、自力で排除しきれなくなったという二つの理由から生じるのではないかといわれるようになりました。そこで、デトックスにより体内の汚染・感染を排除し、自律神経系を正常にしてあげることで、がん・腫瘍を克服する新しい治療が始まっています。身体を傷つける前に食・生活を徹底的に見直しましょう。

化学療法は正常な細胞も攻撃する

●抗がん剤はがんに効く薬と信じていますか？

「抗がん剤」というと「がんに効く薬」のように聞こえますが、どういう薬かというと、分裂や増殖が盛んな細胞に作用し、分裂や増殖を妨害し、細胞が死滅するように促すというものです。

もちろん、がん細胞がダメージを受けることもりますが、分裂や増殖が「がん」細胞と同様に早い正常細胞にも、抗がん剤は攻撃をしてしまうのです。

たとえば、血液をつくる骨髄の造血細胞や口内の粘膜、消化管の粘膜、毛根細胞などです。

造血細胞がダメージを受けるとどうなるでしょうか？　赤血球や白血球、血小板などが作られなくなり、貧血や深刻な感染症、出血などを引き起こしやすくなります。つまり、「ウイルスの処理をして抗体生産をするB細胞」「がん細胞、ウイルス感染細胞を殺すＮＫ細胞」「がん細胞を殺してB細胞の働きを助けるT細胞」などが含まれる大切なリンパ球の数が激減し、血液中の老廃物と闘う機能が落ち、免疫力が低下してしまうのです。

また、口内粘膜がダメージを受けると口内炎が。消化管の粘膜がダメージを受けると吐き気や下痢が。毛根細胞であれば、脱毛といった症状が副作用として現れる可能性があるのです。

「抗がん剤」は身体に大きなダメージを与え、「がん」と闘う免疫力を落す化学物質だという側面があることを知っておいてください。

●抗がん剤で必ず治るわけではない

抗がん剤は、がん病巣を小さくするのが先決という考え方で、研究開発された化学物質です。

しかし、抗がん剤を用いてがん病巣の縮小・消失、あるいは寛解がみられた場合でも、数ヶ月後〜数年後にがん病巣が再び大きくなったり、再発したりすることがあります。もちろん、画像検査で確認できないほど小さながん病巣が残ることもあり、抗がん剤が効いていると感じられる結果になっても「治った！」と単純にいえないケースがあることを理解することも重要です。

私の友人達の中には「ちゃんとした医療を受ける」と言って化学療法を始め、まさに「坂道を転げ落ちるよう」に体調が悪くなっていた者が沢山いました。もちろん、彼らに体力が無かったことが体調悪化の原因だったかもしれません。でも、他に方法がなかったのか？と悔やまれるのです。

がんの素朴な疑問 Q&A

Q 野菜や果物を生で食べると良いと言われますが、体は冷えませんか？

A. 室温で食べれば大丈夫です

冷蔵庫でキンキンに冷やした野菜や果物を食べるのはおすすめしませんが、室温の野菜や果物でしたら大丈夫です。

どうしても心配なら、他に暖かいものを食べさせればいいだけのことですので、心配する必要はありません。

ただ、人間で生野菜ジュース「だけ」を飲む健康法があるのですが、これをすると筋肉が少ない方はもちろんのこと、筋肉がそれなりにある方でも身体が冷えて、あえなくギブアップされる方も中にはいらっしゃいます。

なんでもそうですが、何かが良いといわれると、そればかり食べるというのは、身体が正常に反応して「そればかり食べられない状況」にして、バランスを取ろうとするのだと思います。何でも色々食べさせてください。

「がん」を発症した今の生活を見直す

●「がん」の原因は活性酸素を発生させる生活

「がん」の原因は様々ありますが、その大きな原因の一つとして、活性酸素が大量発生したことにより、遺伝子が傷つき、分裂・増殖のコントロールが効かなくなったことがあげられます。

体内では、活性酸素を速やかに除去するいくつかの酵素が、絶えず働いています。ところがこのシステムは加齢とともにしだいに衰えると言われてます。その一方、日常生活の中で、紫外線、ストレス、睡眠不足、冷え、激しい運動、加工食品などに含まれる食品添加物や農薬、酸化した食品、大気汚染など、活性酸素をよけいに発生させる要素を数多く経てきます。

そのため、体内でできる酵素だけでは活性酸素に太刀打ちできなくなってしまい、発がんしてしまう結果になることがあります。

飼い主さんができることは、活性酸素を多量に発生させてしまった生活の原因を見直すことが第一です。また、活性酸素を除去するのに効果的な食事を実践することも重要なポイントです。

まず、活性酸素を除去する働きのある「抗酸化物質」が含まれる、ビタミンA（β-カロテン）、ビタミンC・Eや、数百種類以上あるといわれるポリフェノールなどはその代表格で、新鮮な野菜や果物に多く含まれています。

ヒトにおける多くの「がん」の食事療法で、新鮮な野菜・果物の大量摂取をすすめるのはここに大きな理由があります。

●神経質になりすぎる必要はない

生活改善を！と言うと、ストイックな生活をすすめるような印象を受ける方がいらっしゃるかもしれませんが、そんなつもりはありません。

例えば食生活にしても、時間がなくペットフードにたよらざる終えない場合は、無理をする必要はありません。犬は飼い主さんのストレスをストレートに受け止めてしまいます。ストレスを溜めながらの手づくり食では、治る病気も治りません。ペットフードを利用するときは、作り置きした、昆布や野菜などを煮出したスープをかけてあげたり、レンジでチンして自然な甘みが出たニンジンやブロッコリーなどをトッピングしてあげるなどの工夫をするだけでも全然違うはずです。

大切なことは、不要な物を排除できる健康な「何を食べても平気な身体作り」と、ハッピーな精神を心がけることです。

がんの素朴な疑問 Q&A

Q 野菜や果物は加熱して食べたら、「がん」に効く栄養は消えてしまいますか？

A. ビタミンCのように効果が薄れる栄養素はあります。

「がん」に効く栄養素がゼロになるかどうかは加熱時間などによると思いますが、確かに加熱に弱い栄養素はあります。ビタミンCをはじめとする水溶性ビタミンやビタミンE、一部の抗酸化物質はそれにあたります。

しかし、身の回りに加熱した料理を食べてビタミン不足でバタバタ倒れる人がたくさんいるわけではない様に、栄養価が低くなるかといわれれば、数値的には含有量が減るため、そうですということになりますが、日常生活を送る上ではほとんど支障がないという事実があります。

もし心配でしたら、食事とは別にジューサーなどで生野菜果物ジュースを作り、飲ませてあげてはいかがでしょうか？その際、ニンジンや果物などのミックスジュースが犬に好まれるようです。

飼い主の不安な気持ちが愛犬の免疫力を低下させる

●ストレスは免疫力を低下させる

サイモントン療法という心理療法をご存じでしょうか？　これは人間の世界でアメリカの心理社会腫瘍学の権威カール・サイモントン博士が開発した心理療法です。サイモントン療法では、「がん」をはじめとする難病治療の毎日の中で生み出される精神的なストレスを、効果的に解消するイメージ療法などの心理療法を実施しています。

このサイモントン療法で学ぶことの主旨は「免疫力は脳内で考えていることに影響を受ける」ということです。強いストレスやネガティブな気持ちが免疫力を低下させ、リラックスや前向きな気持ちが免疫力を強化するというものです。

また日本では「自律神経のバランスがくずれることによって免疫力が低下して病気になり、自律神経のバランスを整えることで免疫を高めて病気を治すことができる」という、有名な福田-安保理論もあります。このように、今や免疫系とストレスは大いに関係があると考えられるようになりました。

また、これも人間の世界の話ですが、母親がイライラしてくると赤ちゃんの状態が思わしくなくなるということも、耳にしたことがあるのではないでしょうか？

これらのことは、飼い主さんと愛犬の関係にも当てはまり、飼い主さんが不安な気持ちで一杯になると、愛犬も本来持っている免疫力を十分に発揮できない可能性があります。

●メンタルケアで回復していく犬たち

当院にお越しくださる飼い主さんには、飼い主さんのメンタルケアや、お互いのリラックスを目的としたマッサージをお伝えして日常生活の中で実践していただいています。すると、それまで悪化の一途をたどっていた犬が、食事をするようになり、散歩まで出来るほど元気になる例が大変多いのです。もちろん、なぜよくなったのか、科学的な検証は出来ておりません。

しかし、もしも、あなたの周りに不安な気持ちで一杯の人がいても、あなたはリラックスして満ち足りた気持ちでいられるでしょうか？　実際、不安な飼い主さんには「結果に執着せず、希望を持って、今を一生懸命生きよう」というサイモントン療法を行なうことが、非常に有効だと診療を通じて経験しています。

すべてとはいえませんが、「病は気から」とは本当だと思います。

がんの素朴な疑問 Q&A

Q 今まで肉食が中心でした。今後減らした方がよいでしょうか？

A. 低脂肪の鶏ササミなどのご利用を。

多くのがん療法では、動物性食品を制限しているのは事実です。動物性食品とは、広い意味で魚や鶏肉も含めていますが、犬に全ての動物性食品を禁じるのは酷というものです。そのため、鶏の脂肪分が多い皮などは食べず、ササミや白身魚、鮭などはOKという考え方でいかがでしょうか。

ちなみに、なぜ動物性脂肪がよくないといわれるのか？　それは、悪玉といわれる「LDLコレステロール」が増え、血液を汚して体内に老廃物を溜め込むことになるのが一つ。もう一つは、肉食が多くなると腸内に悪玉菌を増やし、毒性物質を出すからです。毒性により大腸壁が刺激されると、がんの発生・進行がしやすくなると考えられています。

リラクゼーションは最良の薬

●リラックスは、免疫力を高める

ストレスは免疫力低下の最大の原因です。

基本的に犬は自分で生活スタイルを決めることはできません。つまり、、飼い主によって運命が決まるといっても過言ではありません。たとえば、勝ち負けにこだわるしつけや競技、犬がもう疲れたよ…と出したサインを見逃していなかったか。若い頃と同じように愛情を示してあげられていたか。など様々なケースが考えられます。

思いあたる部分があれば、この先解決すれば良いのです。食事は、玄米、海藻、野菜など食物繊維を豊富に含む食品を食べさせましょう。

まず、犬は飼い主の鏡のようなもの。飼い主さんが精神的にリラックスしていれば、自然と安らいだ気持ちになります。

我々人間は古来から、冥想を健康法として活用してきましたが、犬にもマッサージなどでリラックスをさせることは効果的です。

著書『犬のマッサージ』で知られるマイケル・W・フォックス博士の研究によると、犬は心地よく触れられることで、脳波が測定の結果リラックスすることがわかってきました。

犬もリラックスすることで血行がよくなり、結果免疫力を発揮しやすい状態になることが推測されます。

●可能な範囲で、環境を整えればよい

そもそも犬は、野原を駆け回るように設計され

ており、一日中家の中にいることはつまらない。でもすることが無いから眠るか…。という状態です。かといって外に放り出せという話しではありません。犬は飼い主の愛情が活力源なのですから。

理想は犬が歩きたいと思うだけ、飼い主さんが愛犬のペースで、一緒にゆっくりと歩くお散歩をすることです。適度な運動は血行を良くして、免疫力を上げます。

絶対にこうしなければ！と飼い主さんは精神的なストレスを溜めず、あなたが提供できる環境で、愛犬が最大限楽しみ、夜は快眠出来るのが理想的なのではないでしょうか。

「緊張状態↓血行不良↓白血球が患部に届かない↓病原体等が排除できない」状態にリラックスを加えることで、「リラックス↓血行がよくなる↓白血球が患部に届く↓病原体の排除」と、薬を使わずに健康を取り戻すきっかけとなるのです。

がんの素朴な疑問 Q&A

Q 発酵食品がいいとききました。味噌など与えたら効果的でしょうか？

A. 可能性はありますが、味噌ばかり食べさせるのはNGです

がん・腫瘍に良い食材として発酵食品があります。その理由は様々だと思いますが、大きな理由の一つは、腸内細菌のエサを供給することで、腸内細菌バランスを整え、腸内環境が改善され、その結果消化管の粘膜免疫が活性化するという可能性があります。

発酵食品は発酵過程において各種栄養素が分解され、消化しなくてもそのままで吸収できる糖質やアミノ酸が多く含まれているため、即、吸収ができます。このことから健康な状態ではもちろんのこと、体調が弱ったときにおすすめできる食品なのです。

ただし味噌には塩分が多く含まれるので、十分な水分を補給すれば摂取した過剰な塩分を排除できるとはいえ、食べさせ過ぎには気をつけて下さい。

再発を繰り返す理由

●原因を取り除けていないから、再発する

当たり前の話ですが、再発を繰り返す理由は原因が取り除けていないからです。一般的には腫瘍細胞が残っていて、それが他の部位や同じ部位で出るからといわれています。

しかし、この説も疑問視されるようになってきました。というのも、私たち人間の身体では毎日数千個のがん細胞ができていますが、それらは白血球の活動を中心とした免疫力を十分に発揮して排除されています。このように、「がん」が消えるということは奇跡でも何でもなく、日常起こっている普通のことです。しかし、血行不良により白血球が患部に届かない場合、普段なら余裕で排除可能ながん細胞を排除しきれなくなるでしょう。

また、血行はよいのですが、何らかの原因で「がん細胞ができる原因」が取り除かれていないために、白血球の攻撃力よりもがん細胞の増殖スピードが速くなり、結果的にがん・腫瘍組織が大きくなっていくということもあるでしょう。

一般的にがん・腫瘍の原因といえば活性酸素の大量産生といわれておりますが、当院では「では、なぜ活性酸素が大量に産生されるのか？」と、その奥の根本原因を探り、「根本原因が取り除かれたら、活性酸素が出る理由はなくなる」ことで、治癒につなげていく方針を採用しています。

このように、再発を繰り返す大きな理由として、血行が悪いことと、「がん」の原因が排除できていないことが挙げられます。

●再発させないために、飼い主さんができること

血行が悪い場合の対処としては、この本にも記載してありますが、患部を温める、安静にせずに適度な散歩をする、リラックスしてマッサージを行うなどの方法があります。どれも日常で飼い主さんが無理なくできることですので、できることから取り入れてみてください。

次に原因を取り除くためのデトックスですが、残念ながらオールマイティーなデトックス法はありません。当院でも何千種類と試してみましたが、やはり原因によって最適な方法は異なり、万能な方法は無さそうです。デトックスで時間を取られると、体力が消耗し、治るものも治らなくなるので、ここはデトックスのプロに任せて置いた方が無難だと思います。

また、サプリメント類も、免疫力を上げるタイプよりも、デトックス系を使用した方が有益だと経験上感じております。

がんの素朴な疑問 Q&A

Q すっぱり離婚して気持ちを前向きにしたら、犬の「がん」が治りましたが偶然でしょうか

A.そういうこと「も」あります。

これは当院でも実際にあった話なのですが、ご夫婦の中が大変よろしくなく、かなりストレスを抱えた飼い主さん（奥様）が、「愛犬が悪性リンパ腫と診断されました。」とご来院いただいたことがあります。強いストレスが交感神経を緊張させ、そのために身体の抗腫瘍活性が低下し、がん・腫瘍になることは、当事者の人間にはありえることです。ただ、当院で診療をしていると、皮膚病などでよくあるのですが、飼い主さんの強いストレスが愛犬に影響していることがあるようです。このケースでも飼い主さんの離婚が成立し、気持ちがスッキリしたらリンパ節の腫れが引き、かかりつけの先生の所で検査していただいたところ、寛解といわれたそうです。もちろん、離婚を勧めるわけではありませんが、飼い主さんのストレスは犬の体調維持に無視できない要因なのかもしれません。

転移とは?

●転移は血液・リンパに乗って起こる

一般的に転移（metastasis）とは、腫瘍細胞が元々あったところ（原発病巣）とは違う部位に何らかの方法で移動し、そこで再び増殖し、元の組織と同じ腫瘍を作ることを意味します。

腫瘍は2つのタイプ、良性腫瘍と悪性腫瘍（がん）とがありますが、このうち悪性腫瘍のみが浸潤や転移を行います。見た目が良性腫瘍でも、転移が起こった場合は悪性腫瘍とみなされます。

転移の経路としてはリンパ液の流れに沿った「リンパ行性転移」、血流に沿った「血行性転移」、お腹や胸の空間に腫瘍細胞が落ちて、今までの腫瘍組織から離れたところに転移する「播種」、気管支を通って転移する「経管性転移」、物理的に接触したことで転移する「接触転移」などがあります。

「がん」のかたまりが小さい場合は転移が起きにくいのですが、ある程度の大きさになると転移すると考えられています。ある程度の大きさになるとそれに応じて血管が作られ（新生血管）、大きくなればなるほど流れ込む血液が多くなるため、がんの増殖はそれまでよりさらに速くなるからです。

また、「がん」のかたまりの中にたくさんの新生血管ができることにより、がん細胞が血流にのって流れて行きやすくなります。つまり、新生血管がたくさんできることが、「がん」が転移するようになる原因の一つと言われています。

●転移というよりも、感染のこともある

転移が起きやすい部位はほとんど決まっています。リンパ行性転移では、「がん」の近くのリンパ節に、血行性転移の場合は肝臓、肺、脳、骨などに転移すると、ある程度決まっています。理由は、リンパ液がリンパ節に流れていくからです。

しかし、当院で診療をしていると、これは腫瘍の転移ではなく、単に感染で腫れているだけということがあります。その場合、何の病原体がどのくらいいて、何を使ったら排除できそうかを調べてみた上で、病原体のデトックスをすると、後からできたシコリが消えることをよく経験します。

また、この病原体デトックスを続けることで、元々の腫瘍が小さくなったり、そのまま大きさが変わらないものの、体調がよくなるというケースを少なからず経験します。ですから、当院では、腫瘍と決めつける前に「これは感染ではないか？」を必ず確認するようにしています。

がんの素朴な疑問 Q&A

Q 「がん」になったら、市販のジャーキーやクッキーなどはやめたほうがいいですか？

A. 治るまでお休みというスタンスでどうでしょう

がん・腫瘍の大きな原因の一つが、体内で活性酸素が大量に放出されることにあります。そうすると、加工食品を食べることは活性酸素を増やすことに繋がり、がん・腫瘍が悪化する可能性があります。

当院でよくあるのが、ジャーキーやクッキーが大好きなので「止めるのはかわいそう」と飼い主さんが思うケースです。しかし、がん・腫瘍が悪化する可能性があることと、大好きなおやつを止めることと、どちらが愛犬のためにとって良いかを考えていただきたいと思うのです。代替案として、手作りおやつなどはいかがでしょうか？　鶏ささ身をオーブンで乾燥させたり、カボチャやサツマイモ、ニンジンなど甘い野菜を喜ぶ子も多いものです。できるだけ工場で作られる食物より、素材や作る過程がわかるおうちの食べ物をおすすめします。

まったく本質でないことを心配するのを止める

●「独学」から生じる不安もある

腫瘍・がんに関する診療では、ほとんどの飼い主さんが事前にインターネットや書籍で、ビックリするほど調べてこられることが少なくありません。しかし、その中には治療の本質にはまったく関係ないことを心配されるために生じる不安を抱えている方が少なくありません。

「ドライフードを食べていたから『がん』になったんでしょうか？　ドライフードの質が悪かったのでしょうか？」→必ずしもそうとは限りません。ドライフードを食べていても健康な子はいます。大切なことは何を食べても平気な身体作りです。

「うちの子はあまり水を飲まないのですが、だから『がん』になったのでしょうか？」→必ずしもそうとは限りません。脱水がひどく、毎日濃い黄色のオシッコが出ているなら話は別ですが、食事中の水分量が多いために、必要がないので、追加で水を飲まない子は珍しくありません。

「人間でも食べられるフードとうたってあるのを食べさせていたのですが、あれはウソだったのでしょうか？」→必ずしもそうとは限りません。食事の質がよくても、ストレスや強い感染や汚染があると細胞が腫瘍化することがあるようです。

「手作り食を食べさせていたのですが、私の調理・レシピに間違いがあったから『がん』になったのでしょうか？」→必ずしもそうとは限りません。食事以外のことが原因でがん・腫瘍になることは多いものです。

●今できるベストを尽くすことが大事

愛犬が病気と闘おうとしているのに、死んだ後のことを心配している方もいらっしゃいました。

「この子は治るんですか？」→相手は生き物ですから、何も断言できません。あらゆる可能性があります。やってみなければわかりませんし、最初から無理だとあきらめてはいけません。

「余命●ヶ月と言われたのですが、本当ですか？」→獣医師の言う「余命宣告」はテキトーです。診療をやっていればわかりますが、元気になって「これなら大丈夫だろう」と思った子が数時間後に亡くなったり、逆に「これは今夜が山かもしれない」と思った子が数年後にピンピンしてやってくるということを獣医師なら経験しているはずです。ですから、そんなまだ起こってもいないことを想像力豊かに心配するより、今できるベストを最後の最後まで尽くしましょう。

がんの素朴な疑問 Q&A

Q たまの旅行に好物のソフトクリームを少しあげてもいいでしょうか？

A. あまりおすすめできません。

「たまにだったらいいのでは？」という飼い主さんがときどきいらっしゃいます。しかし、乳製品を摂ると悪化する子がいます。また、大きな問題は、冷たいものを食べると体が冷えて血流障害が起きてし、免疫力が低下することが多いことです。

もちろん、その後で暖かいものを食べさせて中和させることもできますし、乳製品に反応しない子もいますので、厳密には個々のケースで精査する必要があります。しかし、そんなリスクのあることをするよりは、他に食べられるものがたくさんあるのですから、そちらを選択されてはいかがかと思います。ちょっとだけとソフトクリームを食べさせ、その後２週間、愛犬の下痢で悩んだ飼い主さんがいらっしゃいました。希なケースかもしれませんが、そういう可能性があることを忘れないで下さい。

条件が変われば、結果もやることも変わる

●万能の治し方はない！

「がん」に効くサプリ、「がん」に効くレシピ、「がん」に効くクスリ、「がん」に効く治療法、「がん」に効くマッサージ、そんなものはありません。

何を言っているかというと、「万能の『がん』に効く●●」は無いと申し上げているのです。

例えば私があなたを喜ばせようとしたとき、私が喜ぶように、プラモデルと塗料のセットをプレゼントして喜んでいただけますか？　もしくは、私が最高の生活と考えている、三食カレーライス生活を3ヶ月過ごすのはいかがでしょうか？　もしくは、朝から筋トレ→瞑想→ランニング→瞑想→筋トレ→瞑想→水泳→瞑想→筋トレ→瞑想→縄跳びというトレーニングを1日中するとか。

全て喜んでいただけるのでしたら、それは偶然で、普通、全ては喜んでいただけないと思います。十人十色という言葉がある通り、人はそれぞれ、犬もそれぞれです。ということは、同じ病名だったとしても、原因は異なるということです。仮に同じだったとしても、その根本原因は異なるかもしれないのです。

重金属の蓄積かもしれませんし、化学物質の蓄積かもしれませんし、食品添加物や農薬の影響を受けていることもあります。細菌かもしれない、ウイルスかもしれない、カビかもしれない、ストレスかもしれない、とにかく原因は様々です。原因が異なるなら、最適な治療の方法も変わるのです。

●方針は同じでも、道具は異なる

がん・腫瘍の直接的な大きな原因は活性酸素といわれております。では単純に発生した活性酸素を除去すればいいのでしょうか？

ヒトもイヌも無駄な臓器は何一つありません。もちろん無駄な活動もありません。ということは、活性酸素が大量に出るのには何かもっともな理由があると考えることも大切なのではないでしょうか？

当院では根本原因を探り、その原因を体内から排除できれば、今後も不調であり続ける理由が無くなるというスタンスで、デトックスを治療の中心に位置づけていますが、確かに何が溜まっているかで、処方するものは変わります。ですから、腫瘍・がんが生じた場合、それらを小さくすることを最優先で考えるのではなく、まずは根本原因を探って、それを取り除けないかと考える医療は今後必要と考えています。

がんの素朴な疑問 Q&A

Q 皮膚がただれています。体の洗浄はどのようにすればいいでしょう？

A. 舐めても平気なシャンプーで洗ってあげて下さい

皮膚にできるタイプの腫瘍で、愛犬が気になって舐めるなどした結果、皮膚がただれることがあります。シャンプーをどうしたらよいか悩む飼い主さんは少なくありませんが、これは「がん・腫瘍を刺激すると、悪化・転移しやすくなる」という情報で心配されるのです。

当院では刺激の少ない、舐めても平気なシャンプーをおすすめしています。飼い主さんが口には出さないけれど気になることの一つが、患部からしみ出てくる浸出液で部屋が汚れることです。そのためには、患部を洗浄し、ワセリンを塗って、ラップをかけ、服を着せることで、皮膚を修復する方法があります。

また、症状がひどい場合は、針治療などで自律神経系のアンバランスを調整することで、免疫系の調整をすることも選択肢の一つです。

室内除菌

* 生活環境に何らかの病原体がいて、それに反応している→対策は室内の病原体排除
* 犬が病原体などの刺激に対して過敏に反応する状態にあるため→針治療で神経系の正常化することが多かったです。

特に、前者の室内除菌（※）を取り入れることで、再発を減らすことが出来たと思っています。使うものは、プロと相談のうえ、あなたがよいと思ったものをお選びいただいて結構なのですが、私はフィトンチッドエキスを使いました。

（※室内にはウイルスなどもいるため、除菌という言葉の選択は正しくなく、本当は室内の病原体排除が正しいのですが、長いのでここでは室内除菌とよばせてください）

●なぜ再発を繰り返すのか？

以前、不思議に思っていたことがあります。それはなにかというと、あるご家庭で「迎え入れる子、迎え入れる子全てが何らかの病気になって動物病院と縁が切れない」ことが起こることでした。

私が何もわからず、なす術もなかった頃は、「やっぱり霊とか、因縁とかあるんだろうか？」と思っておりました。しかし、現在では、「なんらかの感染や汚染があるのでは？」と疑えるようになり、また、それを調べられるような技術を身につけました。

もちろん、私が診させていただいた子達の話であり、全てのケースでそういえるかはわかりませんが、再発を繰り返す場合、通常は

●室内除菌に有益なフィトンチッドエキス

フィトンチッドの名前の由来はロシア語からきており、フィトンとは「植物」、チッドとは「他の生物を殺す能力を有する」を意味し、「植物が産生する殺菌作用のある揮発成分」のことです。

フィトンチッドとは植物から発散される揮発性物質であり、植物は生命維持や自己成長促進のために、フィトンチッドを幹や葉から大気中に放出しています（森林気相現象）。

森でこのフィトンチッド等を浴びることを森林浴といい、健康面で非常に注目されています。

私の場合、たまたま身近に良質なフィトンチッドエキスがあったためにそれを室内散布していただくと、それまで体調が思わしくなかった子達にずいぶん楽になる子が出てきました。

個々のケースでは微調整が必要なことがありますが、フィトンチッドエキスをはじめとした室内除菌は、健康の回復や維持に有益と考えています。

がんの素朴な疑問 Q&A

Q「がん」に効く漢方薬は何ですか？

A. 特効薬はありません

漢方薬は西洋医薬と異なり、症状に対して処方されるのではなく、そのときの身体の状態に合わせて処方するものです。そのため、「がんに効く漢方薬」というものは存在しません。存在するのは「現時点において、この子の状態に適した漢方薬」です。

もし、「これはがんに効く漢方薬です」と言われたら、それは二つの可能性があります。一つは、上記のように「これは（現時点において、この子の）がん（の状態）に効く漢方薬です」という意味か、インチキかです。漢方薬の処方を学べばわかりますが、そんな単純なものでも、簡単なものでもありません。もし私が「がん」を患い、担当医に「がん・腫瘍と言われたら『コレ!』」という漢方薬の万能サプリメントをすすめられたら、私は調べた上で使用するかどうか検討します。

口内ケア

●口内ケアは全ての犬に必要です

私たちは、無菌状態で生活することなどできません。口内もそうです。人間の世界では、歯周病菌が様々な疾患の原因の一つであると注目されるようになりました。口内に病原体が多いと、それが歯の根本の血管やリンパ管から感染し、全身へ広がり、様々な影響を及ぼすといわれております。

最近知られるようになったこととして、歯周病菌が動脈硬化に関わる疑いが指摘されています。

犬においても同じことが起こるかは十分な研究がされていませんが、身体の構造を比較してみても、ほぼ同様のことが起こると考えて大きく間違いではないでしょう。

当院では「飼い主さんが毎日歯を磨くように、歯周病ケアは全ての犬にとって必須事項です」とお伝えしています。取り組まれた飼い主さんで、取り組んだことを後悔する飼い主さんはいません。むしろ、「口臭が気にならなくなった」とか、「元気になってきた」などやってよかったというご報告を多くいただいています。

しかしごくまれに「自然界で犬は歯を磨きませんよね？」とおっしゃる方がいます。そう言われると「もしそうおっしゃるならば、そもそもあなたと共に暮らすのも不自然ですよね？」という話になってしまい、収拾がつきませんので、「健康維持のためにやって害があるわけではなく、むしろ益が多いことですから、積極的に取り組まれたらいかがですか？」と伝えています。

●なぜ口内ケアは必須なのか？

がん・腫瘍があるとき、愛犬のリンパ球を総動員させて、がん・腫瘍を攻撃して欲しいと思いませんか？　本来、がん・腫瘍の所に向かうべきリンパ球が、途中で病原体退治に夢中だったら、どう感じますか？もちろん、無菌状態で生活することは無理ですが、回避できる戦いは避けられたらいいですよね。このような理由で、当院では全ての犬に口内ケアをおすすめしているのです。

当院では「抗菌効果の高い植物性エキスで歯を磨き、その後で質のよい乳酸菌パウダーを歯肉溝にこすりつける」方法をおすすめしています。

このようにして、現在ある口内細菌は除去し、有益な菌を残すことで、口内環境が理想的な状態になります。「歯磨きを嫌がるからかわいそう」と思って口内ケアをせず、結果として歯を失い、歯周病菌に身体を蝕まれるのがいいのか？　それは飼い主さんが考えて選択することだと思います。

がんの素朴な疑問 Q&A

Q「がん」に一番いい治療法は何ですか？

A. 個々のケースで異なります。

全てのことに必ず原因があります。原因が変われば結果が変わるし、同じ原因でも、身体の反応は個々で異なります。また、がん・腫瘍は複数の原因が複雑に絡み合って成立する疾患ですから、絡み合っているものが違えばすることも変わってきます。ですから、「（この子の）がん（の根本原因を取り除くの）に（今の時点で）一番言い治療法」は存在します。もちろん、現在体内に存在している複数の原因のうち、重要なものが取り除けたら、身体の状態が変わるので、またやることは変わります。この様に、身体の状態に応じてやることは時々刻々変わるのが普通です。

このことがわかると「（どんな）がんに（も）一番いい治療法」は存在しないことがわかります。実際の治療はかなり緻密なものになります。

吸引

●鼻から入った原因は鼻から対策

当院のこれまでの事例では、目ヤニがひどい、目がかゆそう、くしゃみ・鼻水・鼻づまり・咳が出る、などの症状が出た場合、「鼻から何か病原体を吸ったのでは？」と考えます。

「えっ、鼻から病原体を吸うんですか？」という声が聞こえてきそうですが、私も、あなたも、毎日、今この瞬間も鼻から病原体を吸っています。ただ、抵抗力がしっかりしているため、強い症状としてあらわれていないだけで、感染はしています（必ずしも「感染＝発症」ではないのです）。

当院の診療で、鼻から吸った病原体が原因ではないかと推定された場合、その病原体排除に有益と思われる成分を霧状にして鼻から吸引させるという方法を選択することがあります。

ワクチンでも、「鼻から吸う病原体対策なのだから、粘膜に抗体を作るように、抗体を鼻から粘膜感染させるべきだ。筋肉注射をして血液中に抗体産生を誘導しても、どれだけの意味があるのだろうか？」という専門家の声は多くあり、この事実が、ワクチンの有効性を疑問視する大きな理由の一つです（完全に意味がないと申しているのではありません）。そして実際に、このような疑問を解決すべく、消化管や吸引して機能するワクチンの開発が行われているのです。

がん・腫瘍と診断されたケースで、病原体感染が原因と思われる場合にこの処置を行うことで、劇的な効果を上げることがあります。

●吸引が合う子もいれば、そうでない場合もある

私はこの吸引法が「がん」治療に一石を投ずる新しい治療法だなどと言うつもりはありませんし、まだまだ調べることがたくさんあります。

しかし、一例でも治った例があれば「なぜ？」と考えるのは、研究者としては当然のことです。

自分が診療にあたったケースでも、「たった一例治ったぐらいで何が言える？（もちろん、一例だけではありませんが）」と自分でも思う部分はあります。しかし、複雑系の制御においては単一解は存在せず、個別解しかありません。だから、「「がん」の治療法は？」という質問には答えが見つからず、「この子の場合の治療法は？」という質問には答えが出てくるのです。とすると、個々の「治ったケース」を集めて見えてくる事実が重要と考えます。現在、症例を増やして、吸引がどこまで有効かを検討中です。

がんの素朴な疑問 Q&A

Q 「がん」にアガリクスは効きますか？

A. 現時点で、十分な科学的根拠はありません

アガリクスはキノコの一種で、アガリクスに含まれるβ-グルカンと呼ばれる多糖類成分には、免疫調節作用があり、それらの免疫作用の結果として抗腫瘍活性があるだろうという仮説が立てられています。一例をご紹介すると、試験管内の研究でヘルパーT細胞の賦活化、抗腫瘍サイトカインの産生増大、マクロファージによる腫瘍壊死性因子の産生増大、といったデータがあります。しかし、これらはあくまでも試験管内・動物実験のレベルの話で、実際に犬で調べられたデータは少なく、現時点では医療レベルにおいて「がん治療の目的でアガリクスを経口的に使用することを推奨するのに十分な科学的根拠はない」とされています。ただ、犬に対して直ちに、「がん」を引き起こすという訳ではありませんが、ラットにおいて発がんプロモーション作用が認められたという報告もあります。

4章

「がん体質」を変える食事とは

毎日の食事が免疫力に差をつける

●ファーストフードで健康維持？

もしあなたが体調不良で寝込んでいるとき、ハンバーガーにポテト、コーラを買ってくる友人と、台所でジックリことことスープを煮込んで食べさせてくれる友人、どちらが身体のことを心配してくれていると思いますか？

もちろん、どちらの友人もその人なりにあなたの身体を心配してくれてはいると思うのです。

でも、健康のために、毎日、インスタントの食事を続けますか？　食事はファーストフード、おやつは駄菓子の生活を何日続けられるでしょうか？

でも、最近はこういう人が珍しくなかったりするのが現実です。しかし、そういう特殊な嗜好の方を除いて、多くの方は、できればおうちで作った食事を食べたいと思うのではないでしょうか？

食事の基本は「旬の食材をおいしくいただくこと」です。お友達にスポーツ選手や俳優さんがいらっしゃったら、ぜひきいてみていただきたいのですが、食事にはかなり気を遣っている方が多いはずです。

なぜならば、「食べたものが血となり肉となり、そして健全な肉体には健全な精神が宿る」からです。いい加減な食事でハイ・パフォーマンスを出せるほど、プロの世界は甘くはありません。

犬の世界も同じです。食事は確実に愛犬の健康維持と、病気になった際に健康回復ができるかどうかに大きく影響します。あなたが食べさせたものが、愛犬の体質を決めるのです。

●理想の状態とは？

私は、10年間の食事指導を中心とした診療経験から、「何を食べても大丈夫な身体作り」が理想だと考えております。

時々ストイックな食生活に取り組もうとされる方がいらっしゃいますが、「栄養価計算が楽しくて仕方ない、不足した栄養素を薬さじと化学てんびんを用いて数mgの単位で測定し、食事に加えることに快感を覚える！」という方でしたら止めはしませんが、ほとんどの飼い主さんが「愛犬に健康でいて欲しいけれど、できれば大変じゃなくて、楽に続けられる食生活」をお望みなのは、診療経験を通じてよくわかっています。

当院ではこれまで食事の質が適切かどうか、量が適切かどうかを毎回調べてきましたが、がん・腫瘍と診断された子は、食事に必ず原因があるとは断言できないという認識です。だからといって、適当で良いという意味ではありません。

がんの素朴な疑問 Q&A

Q 「がん」にマイタケDフラクションはいかがでしょうか？

A. 現時点で、十分な科学的根拠はありません

D-フランクションに多く含まれるβ-グルカンと呼ばれる多糖類成分には、免疫調節作用があり、それらの免疫作用の結果として抗腫瘍活性があるだろうという仮説が立てられています。一例を紹介しますと、試験管内の研究でヘルパーT細胞の賦活化、抗腫瘍サイトカインの産生増大、マクロファージによる腫瘍壊死性因子の産生増大、といったデータがあります。しかし、これらはあくまでも試験管内・動物実験のレベルの話で、実際に犬で調べられたデータは少なく、現時点では医療レベルにおいて「がん治療の目的でマイタケを経口的に使用することを推奨するのに十分な科学的根拠はない」という結論が現状です。

しかし、特に毒性の報告もなく、また、β-グルカン以外の成分に抗腫瘍活性がある可能性もあり、今後の研究・解明に期待したいところです。

食事と免疫の話

●飼い主さんをウソから守りたい

ちまたにはいろいろな情報があり、「●●を食べたら『がん』が治る！」「●●を食べると『がん』になる！」というセンセーショナルな情報が日々、テレビや新聞、雑誌、広告から垂れ流されています。

しかし、「お焦げを食べると『がん』になる」という俗説も、よく調べてみると「毎日何kgも食べ続けた場合」ということです。とすると、「がん」になる可能性を完全否定することはできませんが、通常そんなことは起こらないでしょうし、そんなにお焦げを食べて「がん」になったら、そんなことをした人の責任ですね、と思われます。

何か1つの食品が「がん」に効くこともなければ、何か1つの食品が発がんを促すということはないというのが私の考えです。

食事はバランスよく様々なものを食べるのが基本です。ただし、「がん」になってしまったデリケートな時期はもう少し気を配ってみましょうということなのです。

28ページからでも紹介していますが、免疫力を上げて「がん」に負けない体をつくるのには、副交感神経を刺激して心身のリラックスを促すマグネシウム、カルシウム、カリウム。消化管の働きを高める食物繊維。ミネラルや食物繊維をバランスよく摂るのに欠かせない玄米、野菜、きのこなどを食事に積極的にとり入れる。交感神経を刺激して免疫力を低下させる食べ過ぎ、肉食、ナトリウムの摂取などは控えましょうというだけの話しです。

●元気なうちから偏食を許さない

とはいったものの、右記のようなアドバイスより「この食材が免疫力アップにつながりますよ」と書いた方が、ウソでも親切なように思われ、受け入れられるのが今の日本です。

当たり前のことですが、免疫システムが作動するためには、エネルギー源として糖質、抗体や免疫反応物質を作り出すのにたんぱく質、傷んだ細胞表面を修復するのに脂質、各種酵素反応が頻繁に起こるのでビタミン、ミネラルが極めて重要です。このように、全ての栄養素が必要です。従って偏食を許していると、必要な栄養素が摂取しづらくなるため、後々苦労します。

今までの食事を見直すと、愛犬が食べないこともあるでしょう。すぐに断念していては「がん」の完治は目指せません。「ちゃんと食べないと治らないですよ！」とじっくり励ましてあげることが大切です。

がんの素朴な疑問 Q&A

Q 「がん」にサメ軟骨が良いとききましたが？

A. 現時点で、十分な科学的根拠はありません

サメ軟骨が「がん」に対して効果があるのではないかといわれ始めた初期の理論は、「サメが『がん』に罹患しない」という考えに由来していますが、実際にはサメは「がん」に罹患することもあるという報告があります。また、天然産物であるが故に、有効性と安全性を判断するための至適容量は現時点で明らかではありません。現時点で有効性が期待できるデータはあくまでも試験管内・動物実験レベルの話で、現在、ヒトでの臨床試験データが増えつつある状況です。総合的に判断し、現時点では医療レベルにおいて「がん治療の目的でサメ軟骨を経口的に使用することを推奨するのに十分な科学的根拠はない」という結論が現状です。十分な科学的根拠はありませんし、サメ軟骨に関する多くの研究が製造業者の後援の元に実施されたものであるとはいえ、試す価値はあるかもしれません。

免疫細胞の6割が腸に集中

●粘膜には、免疫システムがある

「ヒトの身体の中の免疫を担当するリンパ球の6割は腸に集まっている。中でも小腸は全身の免疫の中枢、司令塔の役割を果たしている、と考えられている」という説があります。

何割かは別にして、ヒトも、犬も、最初に病原体や異物と出くわす場所は、消化器や呼吸器の粘膜がほとんどなのです。

腸の免疫機能を最大限に発揮させるためには、食物繊維をたっぷり摂り、腸管を刺激することです。それによって腸の働きが活発になり、副交感神経を刺激します。結果、血行もよくなり体温も上昇します。さらに食物繊維は、農薬などの不要な物質や過酸化物質を便と一緒に排出する働きがあります。腸内がキレイになると消化を助ける善玉菌も増え、ますます免疫力がアップします。

免疫学の全容がほぼ解明された今日、病原体などが最初に進入してくる粘膜面は、全神経免疫機構での常識が当てはまらないユニークな特徴を持った免疫システムが存在していることがわかってきました。

例えば、注射によるワクチンは全身免疫的には抗体産生がされますが、第一線のバリアーである粘膜免疫系には一切役に立ちません。しかし、口から食べたり、鼻から吸ったりという粘膜免疫システムを介したワクチンでは、的確に粘膜免疫を強化することができ、さらに全身免疫機構も強化するため、新しいワクチンの開発が進んでいます。

●がん治療において腸内環境は重要

このように、実は腸は非常に重要な免疫器官だったことがわかり、「腸の強い子は丈夫で、腸の弱い子は身体も弱い」という考えも納得できます。

このことは、診療でも経験があり、がんの子の食事にその子の体質に合った質の良い乳酸菌を混ぜて食べさせると、首に出来た「リンパ腫」が小さくなったり、乳腺腫瘍のシコリが小さくなる経験をしています。そのときは「これは偶然だろう」ぐらいにしか思っていなかったのですが、腸粘膜の免疫力の作用があれば、頷けます。このように「がん」の時に腸内環境を整えることは非常に重要なのです。

消化器系の「がん」で固形のものの消化ができない場合は、フードプロセッサーなどを使って、食材や食事をペースト状にして与えましょう。そうすれば、「がん」に効果的な様々な栄養素を吸収させることができます。

がんの素朴な疑問
Q&A

Q 「がん」に鍼灸治療はどうでしょうか？

A. 免疫力を高めてがん治癒につなげる目的ならおすすめです

最終的にはがん治療につなげていくのですが、鍼灸治療をしたらすぐシコリがひくというものでもありません。鍼灸治療を行うことで、自律神経系の緊張・緩和の正常化を狙います（もちろんそれだけではありませんが）。

がん・腫瘍は免疫力の相対的な低下により起こると言われています。というのも、健康な身体でもヒトの場合、一日に約3000個の腫瘍細胞ができているのですが、身体の免疫応答でキレイに処理・排除できています。しかし、がん・腫瘍の増殖スピードが免疫系の処理スピードを上回った場合、問題となります。

この免疫系の処理に大きく関係しているのが自律神経系の状態と言われています。交感神経が優位すぎても、副交感神経が優位すぎても問題で、ちょうど良い状態に調整し、その結果免疫力が適切に機能するようにすることが目的です。

素材と調理法で免疫力に差をつける

●旬のものをおいしくいただく

「●●山の龍のヒゲ」などのように特殊な食材でないと免疫力が高まらない訳ではありません。時々、薬膳を勉強した方が、中国の食材を取り寄せて調理しているのですが、思うような効果が期待できませんと相談にいらっしゃいます。

中国には中国の、インドにはインドの、日本には日本の風土があり、適した医療がそれぞれで発達してきました。ですから、中国薬膳は中国の土地で機能するし、アーユルヴェーダはインドで、薬草療法は日本で最大限機能すると思われます。

そう言う意味で「地産地消」という考え方は極めて重要です。無理して高価な食材を求める必要はなく、身近で安心して買える食材で十分です。

●獣医師のサポートは必ず必要

当たり前のことですが、食事療法「だけ」で全てのがん・腫瘍が治るわけではありません。必ず獣医師のサポートは受けて下さい。しかし、127ページでもお話ししたように、適切な食事を摂ることは血行が維持でき、消化器や呼吸器における粘膜免疫を強化できるため、再発防止にも極めて重要です。もちろん、体内の免疫細胞による、直接的ながん・腫瘍攻撃にも重要です。

調理法としては、加熱でも非加熱でも特に問題ないことを診療において確認しています。どちらを選ぶかは、好みとか、家庭の事情（生肉を絨毯の上に散らかされるのは何となく抵抗があるとか、加熱調理は面倒など）で自由に食べさせて下さい。

●凍ったものはダメ！

ただし、あまりにも冷たい、例えば凍ったものを食べさせるとか、熱すぎるものは、室温に戻して食べさせて下さい（火傷もしますし）。特に、がん・腫瘍を患っている子に、極端な温度のものを食べさせると、腸の気の流れが悪くなり、結果的に粘膜免疫にも影響を与えます。

ときどき「生の食材に含まれる酵素が免疫力強化によい」という記述を目にします。中学校の理科でも習うと思われますが、酵素、つまりたんぱく質は、摂取すると消化管でアミノ酸に分解され、アミノ酸として吸収されます。酵素は異種抗原ですから、そのまま体内に入ってこられたら困りますし、そうはなりません。

酵素そのものは害にはなりませんが、必ず摂らないと病気になるようなものではありませんので、非加熱食でなければならない理由はありません。お好みで加熱でも、非加熱でもけっこうです。

がんの素朴な疑問 Q&A

Q「がん」に炭水化物はいけないからご飯を食べさせてはいけないとききましたが？

A. それは、間違いです

普通の細胞はエネルギー源として糖質と脂質を利用できますが、がん細胞は脂質の利用が低下し、糖質を主たるエネルギー源として利用します。この点だけを取り出して「糖質を供給しなければ、がん細胞を兵糧責めに出来る」という勘違いが始まったのでしょう。身体には肝臓が糖質を作り、血糖値を最優先で維持する機能があります。というのも、脳は糖質しかエネルギー源として利用できないからです。そうすると、がん細胞が血液中の糖質を利用して血糖値が下がったら、それが正常値にまで調整される、つまり糖質が補給されて、血糖値が上がります。ということは、血液から糖質を摂取し放題です。ですから、がんの子はご飯を食べてはいけないとか、もっとひどいとご飯を食べると「がん」になるという話は間違いです。当院で治った子達は、ご飯も何でもよく食べる子でした。

副交感神経を優位にする食品

●副交感神経を優位にするとよい理由

まず、なぜ副交感神経を優位にする必要があるかというと、「福田-安保理論」により、「がん」に対する免疫力を十分に発揮できる状態が副交感神経優位な状態ということがわかったためです。

わかりやすく言うと、「無理な生き方」は交感神経の緊張が持続する生き方、「らくな生き方」は副交感神経優位の生き方ということができます。

ヒトの体も犬の体も、無意識のレベルで自律神経によって調整されていますが、無理な生き方を続けると、体が交感神経優位になり、免疫力が低下し、結果的に「がん」を発病することになります。

「がん」を治すには、交感神経優位の体質を改めるため、副交感神経を優位になる生活を送る必要があります。

副交感神経を優位にする生活とは、体によい適切な食事を摂ること、適度な運動、ストレスのない生活などがあげられます。

適切な食事とは、肉、卵、牛乳などの動物性食品に偏った生活をあらためること。なぜなら、これでは消化管がはたらく時間が短いため、必然的に交感神経優位の体調になります。これではストレスから脱却することはできません。28ページからにも紹介していますが、玄米、野菜、きのこ、海藻のような食物繊維が豊富な食材で消化管を刺激する時間が長くすることがストレス解消の原動力となります。

●栄養素は単独で作用するわけではない

私は、十年間の食事指導を中心とした診療経験から、「何を食べても大丈夫な身体作り」が理想だと考えています。つまり、この食材は免疫力を上げるのに効果的だからと、そればかり単品で食べても効果はあがらないと考えます。

また、ストイックに「栄養価計算をしたり」、「不足した栄養素を薬さじと化学てんびんを用いて数mgの単位で測定し、食事に加える」必要なんてありません。

大豆製品、緑黄色野菜、キノコ類、海藻類、玄米、豆類、小魚類、ショウガ、ごま、酢などは中でも免疫力を上げるのに効果的といわれる食材ですが、これらの食品を食べさえすれば「がん」にならない、あるいは治るかというと、当たり前のことですがそうではありません。安全だと思われる身近な食品を、できるだけ種類を多く、毎日の食事に取り入れることです。

がんの素朴な疑問 Q&A

Q 食欲が無くなったらどうしたらよいですか

A. まずは脱水だけ気をつけて下さい

非常に重要な原理原則に「空腹だと免疫力が高まり、満腹だと免疫力が低下する」というものがあります。食欲が無くなるということは「食欲を無くしてまで空腹にして免疫力を発揮しなければいけない様な事情が体内にあります。」という可能性があります。また、この子が大丈夫かどうかの指標の一つに「食欲があるか？　あくびをするか？　伸びをするか？」があります。ですから、食欲が無くなるということは、かなり解決しなければならない問題を抱えているということでもあります。このような事情で食欲が無くなっているわけですから、無理に食事を摂らせる必要はありません。しかし、診療の現場では極度の脱水になっているのに気づかずに重症になるケースをよく経験します。ですから、水分補給をしつつ、免疫力を発動しなければならない問題を探り、取り除いてあげてください。

個々の身体にあった食べ方

●身近に手に入る、良質の食品を選んで

「この子に合ったがん・腫瘍の食事の食べさせ方を教えてください」と診療でよく聞かれます。ちまたにはいろいろな話があって、どれを信じて良いのかわからないというのです。

悩む方の特徴は「唯一の正解」があるはずだと思っていらっしゃるため、それが得られるまでさまよい続けるということです。しかし、残念ながら「唯一の正解」はありません。

犬種によって必要量は異なりますし、同じ犬種でも元気に走り回る子、一日中寝ている子とでは必要量は異なりますし、同じ子でも昨日と今日と明日では違うのです。また、旬の食材とハウス栽培ものでは栄養含有量が異なるでしょうし、また栄養素が含まれていたとしても、全てが消化・吸収されるわけではありません。

ですから、電卓片手の栄養価計算は、参考にはなるかもしれませんが、それが全てではないですし、必ずしもそんな大変なことをする必要も無いということです。

ですから、食材の種類も、スーパーで手に入りやすいもので、国産品をお選びください。土地のエネルギーを充分吸収して育った食品がおすすめです。

また、食材がそのままの形で出てしまったりと消化しにくい場合は、フードプロセッサーで細かく砕いたり、全部ドロドロがイヤなのであれば、半分ドロドロ、半分塊にしもいいでしょう。

●基本は1日1食

また、量は頭の鉢のサイズで一日一食で十分です。基本的に空腹ならば免疫力が高まるし、満腹だと免疫力が下がるといわれております。

どうしてももっと食べたいという場合は、普通の食事は一日に一食にして、野菜や果物などを食べさせて下さい。エネルギー源になる様な食事は一日一食で十分です。同じ理由で市販のおやつを食べさせる必要はありません。

食欲が全く無いという場合、現在免疫力が最大限で発揮中という場合と、死の一歩手前という場合があります。この判断は、飼い主さんには難しいので、獣医師に相談して下さい。

また、食べられない場合は、脱水だけ気をつけて下さい。脱水しているかどうかは、首の後ろをつまんでパッと離すと、健康ならば1~2秒で元に戻ります。もし、2秒以上かかるなら脱水ですので、水分摂取をしっかりやって下さい。

がんの素朴な疑問 Q&A

Q 散歩に行っても良いですか？それとも安静ですか？

A. お願いですから、安静にさせないで下さい。

よく、体調不良になると「無理に」安静にする方がいらっしゃるのですが、その判断には疑問が残ります。というのも、がん・腫瘍と診断されたということは、体内に免疫力を発動して解決すべき問題が有るということであり、そのためには「患部」に免疫担当細胞が運ばれる必要があり、そのためには「血行がよい」必要があり、そのためには「体温を上げる」とか、「運動が必要」なのです。人間でも有酸素運動を行うことで末梢の血行がよくなるということをご存じかと思います。それは犬でも全く一緒です。そういう理由で、散歩に行く必要があるのです。もちろん、動けない子を引きずって行けというわけではありません。動けなくなるとなかなか家庭でのケアが機能しにくくなります。ですから、元気なうち、動けるうちに、散歩という形で免疫力をサポートしてください。

免疫力維持→腸内環境を整える

●乳酸菌→腸内環境改善→免疫力強化

126ページにも書きましたが、腸には全体の6割のリンパ球が存在するという説があるほど、腸の粘膜免疫は重要視されています。消化器や呼吸器の粘膜は、病原体などから身を守る第一のバリアですし、感染が極限に達するとがん・腫瘍になるという説もありますので、がん・腫瘍と粘膜免疫は切り離せない密接な関係があります。

いわゆるワクチンを打ったら、全身免疫にしか影響がありませんが、粘膜から感染した場合、粘膜免疫と全身免疫の両方の免疫力が高まるわけですから、腸内環境は非常に重要と言えます。

このことからも、分裂・増殖が盛んな細胞を攻撃する「抗がん剤（がんの薬ではない）」は腸粘膜を攻撃しますので、自然治癒を望まれるのならば、がん治療に取り入れるのは疑問が残ります。

当院では、犬には犬用の、ネコにはネコ用の乳酸菌の最適な組み合わせがわかったので、その配合された乳酸菌を口内ケアとして使っていただいたり、あるいは食事に混ぜて摂取していただいています。最初は全く違うことを目的として行っていたのですが、偶然がん・腫瘍が小さくなったという報告を多数ちょうだいし、最初は偶然だろうと思っていたのですが、何度やっても効果があるようですので、現在では必要な子には処方するようになりました。

乳酸菌が消化器系で増え出すと便臭や、口臭が変わってくるので、それが改善の目安になります。

●食事療法で安定しない場合の対処法

ときどき「毎食乳酸菌を入れなければなりませんか？」と聞かれるのですが、そんなことはありません。乳酸菌のエサを食事として食べさせればいいのです。乳酸菌のエサは食物線維やオリゴ糖といったものですから、野菜が食事の中に含まれていれば大丈夫です。

すると、「食物線維が腸を傷つけるから、野菜を食べるのは犬にとっては負担だ」という的外れなことをいう方がいらっしゃるようですが、胃はお粥状になったら十二指腸に送るという消化器生理学の基礎を知っていれば、そんなデタラメな情報に惑わされることはありません。

ただし、食材に気を遣っても、しつこい病原体感染などがあって、腸内環境が安定しない場合があります。その場合には、食事療法に精通した獣医師に相談の上、食事療法＋αを行い、安定しない原因を探り、取り除いて下さい。

がんの素朴な疑問 Q&A

Q がんの子はどのくらいの量を食べさせたらいいのですか？

A. 頭の鉢のサイズより若干少なめが理想です

この本の所々で触れていますが、非常に重要な原理原則に「空腹だと免疫力が高まり、満腹だと免疫力が低下する」というものがあります。がん・腫瘍と診断されたら、免疫力を十分に発揮して対処する必要があります。ということは、食事量を増やしたらいいのか、減らしたらいいのかという疑問に対する答えは明らかです！ 基本は腹六～八分目です。

というと「でも、病気の時は栄養を摂って体力をつけろといわれるじゃないですか？ 大丈夫なんですか？」と聞かれるのですが、それは戦時中のように栄養状態も衛生状態も悪いときの話で、現在の日本ではその心配は一切不要です。

身体に問題がある場合、通常動物は「食べずにじっとする」性質があります。もちろん個々のケースで変わりますが、少食にして温かく見守ることが重要です。

大量食い、一品主義などは逆効果

●お腹の空くサプリメントはありませんか？

「病気を治すためにたくさん食べて栄養をつけなきゃ」という情報をまだ日常生活に活用している方がいらっしゃいますが、これは、昔の栄養状態も衛生状態も決して良いとは言えなかった時代の話です。

現代の「満腹・栄養過多に苦しむ時代」では、すでに十分に栄養の蓄積があるため、こんなことを心配する必要はありません。

ヒトも犬も、「空腹だと免疫力は高まり、満腹だと免疫力が低下する」という原則があります。こんなことを申し上げると「では、食べない方が良いのですね？」などという極端な解釈をされる方が出てきそうですが、腹六～八分目が望ましいということです。

かつて、こんな質問を受けたことがあります。「先生、友人知人からすすめられたサプリメントがこんなにたくさんあって（両手の平に山盛り）、どれが良いのか悪いのかわからず、かといってどれかが効いているから今この程度で収まっているのではと思うと、どれも止められない状況です。ところが、うちの子はサプリメントでお腹いっぱいになって、ご飯を食べてくれません。お腹が空くサプリメントはないでしょうか？」今となっては笑い話で、当事者の飼い主さんにも紹介することの了解を得ているのですが、当時は「人間、追い詰められると、ここまで判断力が鈍るのか」と、二人で笑ったものです。

●様々な栄養素をとることに意味がある

また「良いと聞いたから」といって、キノコばかり無理矢理食べさせているとか、糸を引くものばっかり食べさせているとか、ヨーグルトなどの発酵食品ばかり食べさせているなどのケースを、月に一度は診療で経験しています。

インターネットが普及したおかげで、様々な情報が簡単に手に入るようになったのですが、この情報が適正かどうか、うちの愛犬にどう応用するかの判断基準を持たない方は、情報の波に押し流されて、不適切な決断をしてしまうことが少なくないようです。

雑食動物である犬も私たち人間も、様々な栄養素の絶妙な相互作用で生きています。コアラはユーカリしか食べないようですが、犬も同じように考えるのは適切ではありません。

どんなものをどのくらい食べさせたらいいのかは、26～57ページでご確認ください。

がんの素朴な疑問 Q&A

Q 活性酸素除去にベストなのは何でしょうか？

A. まず、活性酸素がなぜ出ているのかを考えてみましょう

確かに、活性酸素を除去することで、症状が変わることがあります。当院でも、状態に応じて活性酸素除去を行うことはあります。しかし、何の理由もなくて活性酸素が大量に放出されることはありません。活性酸素が出ているということは、活性酸素を出さなければならない理由が体内にあると解釈していただきたいのです。必要があって出ているものを症状が落ち着くからといって、勝手に消して良いのでしょうか？　これは非常に重要なことですが「症状」は免疫応答の結果生じる「体内に解決すべき問題があることをお知らせするサイン」です。ですから、症状を安易に消すのではなく、その原因を体内からデトックスすべきなのではないでしょうか？　また、自律神経系のコントロールをすることで、不必要な活性酸素の放出が少なくなることがあることも覚えておいてください。

免疫力がアップする食べ物

●これだけ知っておこう！

食事療法「だけ」でがん・腫瘍の治療は難しいといわれています。確かに「食事療法だけ」となると難しいですが、強力なサポートにはなると、診療経験上、自信を持って申し上げられます。

免疫機能を正常化させるβ-グルカンを含むしいたけ、しめじ、免疫力を強化するD-フラクションを含むマイタケ、粘膜の免疫力をサポートするビタミンA及びβ-カロテンを含むわかめ、シソ、にんじん、小松菜、オクラ、パセリ、かぼちゃ、やつめうなぎ、あさり、穴子、鮎、緑茶、杏、活性酸素除去に働くビタミンCを含むいちご、アセロラ、キウイ、クコ、小松菜、キャベツ、オクラ、シソ、ブロッコリー、トマト、さつまいも、ゴーヤ、レモン、柿の葉、同じく活性酸素除去効果のあるビタミンEを含むうなぎ、たらこ、アーモンド、イワシ、サンマ、ひまわり油、小麦麦芽、免疫機能の正常化をサポートするビタミンB5を含む大豆、牛乳、魚介類、胚芽、免疫力を強化する硫黄化合物を含むにんにく、にら、だいこん、感染症予防になる亜鉛を含むうなぎ、カキ、ホタテ、どじょう、ごま、まいたけ、味噌、納豆、にんにく、豆腐、シソ、竹の子、玄米、ブロッコリー、免疫細胞を活性化させるアルギニン酸が含まれるワカメなどが免疫力をアップする食べ物といえます。

このように身近に、免疫力をサポートしてくれる食材がたくさんあります。どれかに偏ることなく、旬の食材をいろいろ食べさせて下さい。

●免疫力を高めるのが先？　デトックスが先？

がん・腫瘍の原因は、遺伝的要素、ウイルス、細菌感染、紫外線、放射線、加工食品による食品添加物や農薬、精神的ストレス、睡眠不足など様々あります。

したがって、免疫力をあげれば「がん」が治るといった単純なものではなく、「がん」になってしまった原因を取り除いてあげることが重要です。

多くは、体内の毒素がその子の処理能力の限界を超えてしまったことが原因です。この場合、食事改善を始めとして、早急にデトックスをする必要があります。

ですから私は、がん・腫瘍の場合、いかなる場合でもデトックスのプロに身体の状況を診ていただいた上で、食事療法だけでいいのか、それともデトックス中心に取り組んだらいいのかを判断していただくことは非常に重要なことだと考えます。

がんの素朴な疑問 Q&A

Q「がん」にフコイダンはいかがでしょうか？

A. 昆布だしで試してみてはいかがでしょう。

フコイダン（fucoidan）とは、コンブ、ワカメ、モズクといった海藻のネバネバに多く含まれる硫酸多糖の一種で、1996年の日本癌学会で制癌作用が報告されてから健康食品として注目を浴びるようになりました。また、人間の悪性リンパ腫の「培養細胞株」にアポトーシスを起こさせることが発見されました。しかし、これらはあくまでも試験管内実験のレベルの話で、実際にヒトや犬で調べられたデータはほとんどなく、現時点では医療レベルにおいて「がん治療の目的でフコイダンを経口的に使用することを推奨するのに十分な科学的根拠はない」という結論が現状です。

しかし、コンブを細かく刻んで煮出した煮汁を飲んで有害になることは考えにくく、おじやに昆布だしを使うことは、経験上問題はなさそうです。

食べ物、自律神経、免疫の関係

●自律神経系と免疫系の関係

私が大学院で研究していたテーマが「神経成長因子（ＮＧＦ）と白血球の関係」でした。傷ついた部位では、血管と神経が少なからず傷つくわけですが、その修復の際に分泌される物質の一つ、ＮＧＦが、免疫担当細胞に対してどの様な影響を及ぼすかを研究しており、当時は神経系と免疫系が関与する「かも」と思っていました。

時は流れ、最近注目されている「福田–安保理論」によると、白血球は自律神経（交感神経と副交感神経）にコントロールされていることがわかってきました。私ごときがこの重みのある理論を簡単にまとめるなどおこがましいのですが、簡単に申し上げると、ストレス→交感神経緊張が持続→免疫力が低下→がん・腫瘍体質はリラックス→副交感神経優位に→免疫力が強化される→抗がん・抗腫瘍体質に改善という流れです。

もちろん、だからといって副交感神経がすばらしくて、交感神経は悪だ！と言うわけではありません。どちらも重要です。私たち日常では、昼間は交感神経優位、夜は副交感神経優位な傾向がありますが、常にどちらも働いていて、身体が一定の環境を維持できる様に、アクセルとブレーキを使って微調整してくれているのです。

ただ、アクセル踏みっぱなしとか、ブレーキを踏んだままでは極端ですねということです。この理論のお陰で、免疫系のコントロールができるようになってきました。

●食事と自律神経の関係

「福田-安保理論」により、食事と自律神経には深い関係があることがわかりました。そもそも消化活動は副交感神経の働きで行われているため、食事という行為はストレスを解消し、自律神経のバランスをととのえる効果的な方法なのです。

ただし、何を食べても副交感神経が優位になるのではなく、「塩、肉、牛乳、卵類」などに偏った食生活は交感神経を刺激するので、がん体質の助長になると考えられ、「大豆製品、緑黄色野菜、キノコ類、海藻類、ごま、玄米、豆類、小魚類、酢」などは、副交感神経を優位にする食べ物として解説されています。

こう記述すると「がん・腫瘍になったら肉類は禁止?」と感じるでしょうが、デリケートな時期は、活性酸素の発生が比較的少ない鶏ササミを選ぶなどの工夫をし、何よりも「野菜や海藻など」も食べましょうという意味です。

がんの素朴な疑問 Q&A

Q 「がん」にAHCC(キノコ抽出成分)はいかがでしょうか?

A. キノコを煮出した汁で試してみてはいかがでしょう。

AHCCとは、免疫活性物質の1つで、キノコの菌糸体を大型タンクで長期間培養して抽出した物質です。主成分はα-グルカンという多糖類で、アガリクス成分であるβ-グルカンとは化学式が異なる物質です。AHCCと云う物質名称は、研究開発元である株式会社アミノアップ化学が名付け親であり、同社の登録商標にもなっています。他のキノコ製品との違いは、使用するキノコの部分と成分抽出加工方法にあるそうです。

現在、研究結果が蓄積されている段階で、現時点では医療レベルにおいて「がん治療の目的でAHCCを経口的に使用することを推奨するのに十分な科学的根拠は現在構築中」という状況です。今後の研究・解明に期待したいところです。キノコを細かく刻んで煮出した煮汁を摂取することは経験上問題はなさそうです。

交感神経を刺激するNG食材

●犬の食性を踏まえることを忘れずに

「福田-安保理論」を本で知った飼い主さんから、「犬にとって交感神経を刺激する食材は人間と一緒ですか?」とよく聞かれます。その本には「免疫系は自律神経(交感神経・副交感神経)の影響を大きく受けていて、健康な状態では交感神経と副交感神経のパワーバランスが取れているが、強いストレス(精神的なものに限らず)を受けると、交感神経が優位になり、それが免疫力に影響して、結果的に抗腫瘍活性が低下する、と書かれています。

副交感神経が優位になると、リンパ球の活性が高まり、抗腫瘍活性が高まる。従って、がん・腫瘍と診断された場合、腫瘍に対する免疫力を高めるために、副交感神経を優位な状態にしよう、ということになります。

そのためには、マッサージなどで心身をリラックスさせて、体の血行を良くし、副交感神経系を優位にすること。副交感神経を優位にするために、玄米、野菜、海藻などをたっぷり摂ること。また、交感神経を刺激する「肉・卵・牛乳・塩」などは控えることと記述されています。

リラックスや緊張が、自律神経を介して免疫系に働きかけることは、診療でも確認しているので、人間の話を参考にしながら動物医療に取り入れるのは良いと思います。

ただし、犬の食性から考えて、すべての肉を禁じるのも酷なので、鶏ササミなどでスープをとり、食べさせてあげればいかがでしょうか。

●交感神経を刺激する他の要因

食事以外にも、交感神経をコントロールする方法はいくつもあります。

まず、交感神経優位になりそうな汚染物質、病原体を身体から排除することです。そのときに、デトックス用サプリメントが思いつくと思いますが、通常深刻な患部では、血行不良が起こっていることが多く、その結果、有効な成分が必要な部位に届かないということがよくあります。

ですから、血行を良くしながらデトックスしなければならないことがあります。このあたりの見極めはプロに任せるべきですが、デトックス用サプリメントを使って効きが悪いと感じたときは、血行不良を疑ってみるのも必要かもしれません。

また、生活環境にある「強いストレスを感じるようなもの」は可能な限り排除して下さい。特に、散歩に行かずに安静はおすすめできません。

がんの素朴な疑問 Q&A

Q 「がん」にプロポリスはいかがでしょうか？

A. 推奨できる充分な科学的根拠は、まだありません

プロポリスはミツバチが巣の内張を埋めるために採取した植物の樹脂と、自分の分泌物を練り合わせた、ミツバチの巣の中をほぼ無菌状態にする「天然の抗菌物質」です。巣から分離する際に不純物が含まれるため、摂取するとハチや蜂蜜のアレルギー反応を生じることがあります。プロポリスに含まれるカフェ酸フェネルエステル、クエルセチンなどの成分に抗がん作用が期待されています。しかし、現時点で有効性が期待できるデータはあくまでも試験管内・動物実験レベルの話で、ヒト、犬での臨床試験データはほとんど無いのが現状です。総合的に判断し、現時点では医療レベルにおいて「がん治療の目的でプロポリスを経口的に使用することを推奨するのに十分な科学的根拠はない」という結論が現状です。今後の研究・解明に期待したいところです。

5章

「進行がん」が治った！元気になった！

悪性リンパ腫を克服しました

名前：ジョン
犬種：ゴールデンレトリーバー
年齢：5歳

●食欲不振↓血液検査では問題なかった

何でも食べて、元気だったジョンが、急に食欲が無くなって元気がなくなったのは、２００７年6月でした。梅雨入りしたから元気がないのかなと思っていたのですが、13日に急に座って震えるようになる症状が出始め、1日中元気がありませんでした。でも翌日はいつも通りに元気になったのですが、この元気の無い日の頻度が段々と頻繁になりました。

さすがに不安になり、7月に動物病院で血液検査をしていただきましたが、何も悪い項目はなく「様子をみましょう」と言われました。しかしその4日後から全く食事が出来ない日が2日続いてから、急に嘔吐するようになりました。

その時も検査していただきましたが、やはり「とくに異常なし」と言われました。しかし7月中旬には下痢をするようになり、いろいろ検査をしてもらったもののそのときも原因はわからずじまいで、7月20日には3日連続で嘔吐と下痢を繰り返し、食欲もほとんど無くなり、体重もあっという間に減ってしまいました。

「何もないわけがない」と感じ、今まで通院していた病院とは違う病院に行ったところエコー検査の結果「炎症性腸炎（ＩＢＤ）の疑いがある」と診断され、その日からステロイド投与を始めました。その結果、肝臓の数値は一時的に悪くなりましたが、食欲も出て体重も増え、（見かけ上）元気になりました。

●嘔吐・下痢→開腹検査→悪性リンパ腫判明

ところが、お盆を過ぎたあたりからまた嘔吐するようになりはじめ、その後の検査でも原因がわからず、8月末から毎日のように嘔吐と下痢を繰り返し9月中旬に血液検査で低たんぱくでひっかかり、急遽、原因を探るために開腹手術検査をしました。

すると、腸間膜リンパ節に腫瘍が多数あり、肝臓にも転移があり、癒着もあるということで開腹したものの閉じられれました。検査の結果、悪性リンパ腫ということが判明し、何もしなければ余命1ヶ月、抗がん剤が効いたとしても数ヶ月と言われました。

小腸は抗がん剤が効きにくい部位であることとステロイドを長期間使ってきているので、さらに抗がん剤の効きが悪くなるといわれ、どうしたらいいのかわからずにいました。

食事もかかりつけの動物病院でがん専用の缶詰を処方されましたが、食べてくれようとしません。手作り食が良いと友人に言われましたが、当時の私は栄養バランスが大切で、ドッグフード以外を食べたら死ぬと思っておりましたので、絶対に私たち家族の残り物なんか食べさせない、そんなことをしたら動物虐待だと思っていました。

そこで何か方法はないかとインターネットで調べたところ、須﨑先生の「悪性リンパ腫が治った」という記事を検索で見つけ、何度も読みました。ホームページを見る限りでは、今まで自分が考えていたこととずいぶん違う動物病院だと思いましたが、友人達に相談したら有名な先生だということがわかり、ワラをもすがる思いで診療をお願いいたしました。最初は診療まで2ヶ月待ちと言われたので、著書を読んで待つことにしました。そうすると、事務局の方が重症だからと調整してくださったのか、2週間で受診できました。

その診療では驚くことばかり言われました。

●腫瘍というより強い感染です⁉

非常に印象に残っているのが、検査後にこう言われたことです。「これは、腫瘍というよりは、強い感染が根本原因で、一般的に腫瘍と呼ばれる形態変化を起こしているだけとみました。字をよく見てください。リンパ腫って『リンパが腫れる』って書きますでしょ？　リンパ節って病原体が体中に広がらないようにそこで止めて、なんとか処理しようとする機能があるのです。そこで免疫応答がおこるので、だから腫れるのです。ということは、感染している病原体を排除すれば、腫れる理由はありますか？　ありませんか？　そうです。ですから、腫瘍を取り除くとか、小さくしようという方針で医療行為を行っても、原因を取り除かなければ、再発する可能性が高いのです。そこで『放射線照射で活性酸素がたくさん出て身体が弱ったり、抗がん剤で骨髄が弱って免疫細胞を産生できなくなる、つまり免疫力が低下するとか、手術で病巣は切り取ったけれど、原因は身体に残したままという医療行為』をお選びになるか、『根本原因をデトックス法で身体から排除し、自然治癒力を発動させながら自然に治癒していくこと』を選択するかは飼い主さんが自由にお選びいただけるのですが、どちらがよろしいですか？」でした。

まず、リンパ腫が怖い病気でない可能性があることに驚きました。家族としては、余命宣告されていますから、可能性があるなら何でもやりたいという気持ちでデトックス療法に取り組みました。ジョンの体内除菌に始まり、室内清掃、室内除菌と徹底的にやりました。身体の五行バランスがメチャメチャだったので、ジョンに必要な食事レシピを作成していただき、手作り食を実践しました。

デトックスを始めると1週間で元気になってきました。吐かない、便は形、硬さが安定している。目の輝きも変わってきて、「治った？」と思って安心したら、10日目に下血しました。

●出血は治癒のステップ？

「しまった、油断した？」と須﨑先生に電話相談をお願いしたら、「おめでとうございます！ 身体が反応し始めましたね。その調子で」と褒められました。

普通だったら、こんなことをかかりつけの先生に言ったら下血止めなどの薬を出されそうなものですが、須﨑先生の場合は何から何まで今までのアドバイスと違うので、時々面食らうこともありました。

デトックス療法を根気強く続けて5ヶ月目のこと、須﨑先生から「今日からは再発防止のステップに入ります」と言われました。

念のため、かかりつけの先生の所に行ったら「寛解です」と言われ、生きていたことと、治ったことに驚かれました。あれから2年経った今、毎日元気に散歩をしています。あきらめずに治療をして良かったです。

うちの子はこの食・生活が効きました!!

①汁かけご飯
（キノコと海藻、色の濃い野菜と大好きな肉・魚のスープ）

②おやつに季節の果物

③市販のおやつを食べさせるのを止めた

④朝・晩に安静にせずに楽しく散歩

⑤週に一度の断食
（飼い主も一緒にやったところ、私たちも健康になった）

乳腺腫瘍を克服しました

名前：モモ
犬種：トイプードル
年齢：8歳

●余命2ヶ月を宣告されて

モモをシャンプーに出したら、トリマーさんに「胸にシコリがあるみたいですから、動物病院で検査を受けてはいかがでしょうか？」と言われ、慌てて動物病院に行きました。すると、乳腺腫瘍と診断され「手術で切り取るしかない。このまま放置したら肺に転移して、最後は呼吸困難で苦しみながら死ぬ」と言われました。

しかし、手術することには非常に抵抗がありました。というのも、私の友人の愛犬が手術中に亡くなったことがあり、それ以来手術が怖いのです。そのことを担当獣医師に伝えると、「手術をしても再発するかもしれないし、しなかったら全身に転移するし、手術したら、余命は2年、しなかったらあと半年〜1年」と言われました。

「余命1年？　まだ8歳なのに…」どうしたらいいのかわからず一人おろおろしていました。私は一杯一杯だったのに、モモはいつも通り元気で、あの診断が本当なのかどうかわからなくなってきました。でも、オッパイにシコリはありますし、間違いなくモモは病気なのです。

ただ、私がうろたえていても仕方ないので、まず乳腺腫瘍を切らずに治せるのかどうか、何かがんに効くサプリメントなど方法はないかとインターネットで情報を集めはじめました。すると、いろいろな方々が自分のことの様に心配してくださり、いろいろな情報を提供してくださいました（本当にありがとうございました）。

●肺と心臓と脾臓に原因が……

免疫力を高めるサプリメントや、副作用の少ない抗がん剤、おすすめの動物病院と、とにかく様々な情報をいただきました。そのおすすめ動物病院の中に須崎動物病院の名前がありました。早速ホームページをみてみましたら、私が考えている不安に対する答えがそこにあったので、まずは電話相談を受けてみました。

すると、腫瘍と一口に言ってもいろいろあって、一般的に恐れられている腫瘍と、感染や化学物質汚染などが処理能力の限界に達した結果腫れているだけということがあり、どちらにしても対処法はあるということでした。実はもう一つおすすめされた動物病院があったのですが、そちらは「体力があるうちに手術で切り取りましょう」という方針でしたので、まずは須崎動物病院にお世話になることになりました。

最初に、使っている薬やサプリメントの整理をしていただきました。特殊な機械を使ってモモに合うもの、合わないものに分けていただくと、デトックス系のものだけが残りました。多くの方にすすめられたものがモモには必要なかったり、逆に「それを使っている人を見たことがない」というものが合っていたりと、やはり実際に診ていただいて良かったと思いました。

そして、いよいよ身体を調べていただくと、確かに乳腺のシコリ部分に反応はあるのですが、それは若干で、大もとは肺と腎臓と脾臓に病原体の感染があることだといわれました。

この診断を受けて、これまで自分は「風が吹けば桶屋が儲かる」がごとく、儲かるところをみていて、どこでどんな風が吹いているのか、原因を探すことをしていなかったことに気づきました。

そこで、その日からデトックスの日々が始まりました。私自身、このときは、原因が抜けたら、シコリが消えるなんて、軽く考えていたのでした。

●腫瘍が鶏卵大の大きさに！

モモにデトックスのサプリメントをのませ、徹底的に病原体を排除させました。重金属や化学物質の汚染も少しあるようでしたので、重金属対策サプリと、化学物質対策エキスを飲ませました。

先生には「2〜4週間で今の病原体バランスが変わりますから、その頃再診をお願いします」と言われ、それまで余命宣告されていて、治るとは思っていなかったので、うれしいやら、ビックリするやらでした。でも、先生の態度をみていると、軽い病気のように感じたので、これで大丈夫なのかなという気持ちと、今までは何だったんだろうという2つの気持ちが入り乱れておりました。

そしてデトックスが始まって3週間後、そろそろ次の診療の準備をしなきゃというところで、モモが突然元気がなくなり、吐くし、下痢するし、血尿は出て胸のシコリは熱がありました。緊急電話相談をすると「反応が出て良かったですね。脱水だけ気をつけて、前回お伝えしたモモちゃんスープを飲ませてください。」と言われました。

言われた通り続けましたが、腫れたり、落ち着いたりの繰り返しでした。須﨑先生には「根本原因が取り除かれて、原因部位の修復が終わらない限り、症状は消えませんからね」と、何度も言われていたのですが、やっぱりシコリが大きくなると不安で電話相談してしまいます。

1個の腫瘍細胞が直径1㎝の塊になるまで、約10年かかり、さらにそこから直径10㎝になるまで、さらに10年かかるそうです。そうすると「モモちゃんのように、先週はなかったところにそれなりに大きな組織があるということは、腫瘍細胞ではなく、病原体が原因で腫れている可能性が高いと思いますよ」と言われました。

ところが、その腫瘍が急に大きくなり、鶏卵(S)大ほどの大きさになりました。

●腫瘍がポロッと落ちた！

　表面の皮膚も破け、出血して、かわいそうになってきましたが、先生は「これ、ブドウを食べるときの様に、塊が皮を破ってポロッと落ちますよ」とおっしゃるのです。それを聞いたとき、大変失礼だとは思いながら、元のかかりつけの先生の予約を取って、翌日行くことにしました。

　するとその晩、須﨑先生の予告通りにまさにポロッと鶏卵（S）大の塊が落ちたのです。なんだかわからず、とりあえず翌日動物病院に行くと、皮膚はふさがっていて、3週間後にはほぼキレイに治っていました。

　モモが元気になれるならと、食事療法、室内除菌、モモのデトックス、マッサージとありとあらゆることをやりました。その結果、滅多に出来ない経験をさせていただきました。腫瘍がポロリと落ちるなんて、どんな本にも書いてありませんが、本当にあるんです。

うちの子はこの食・生活が効きました!!

①毎晩、飼い主と一緒にリラックスしながらのマッサージ

②好きな食材で気負わない手作りご飯生活

③症状に動じない心
（これが一番難しく、頻繁に先生にお世話になっていました）

④徹底的なデトックス

⑤症状は免疫反応の結果起こるのであって、悪化したわけではないという考え方

肥満細胞腫を克服しました

名前：ガッツ
犬種：ゴールデンレトリーバー
年齢：6歳

●脚に腫瘍がみつかって

右後ろ脚の指の間にシコリの様なものをみつけ、念のためホームドクターの所へ行き、細胞診をしていただいたところ、良性の腫瘍と診断されました。そのため、様子をみていたのですが、突然激しい咳と下痢が始まり、それとほぼ同時に腫れが大きくなってきたため、再度受診したところ、レントゲン検査と細胞診をしてくださり、その結果、肺に影があり、脚の腫瘍は肥満細胞腫と診断されました。ですから「肺の影もひょっとしたら転移かもしれません。ですから、最悪の事態を覚悟しておいてください。」と言われました。

「覚悟」と言われても、何をどうしたらいいのかわからなかったところへ、主治医から「体内状況を把握したいので、手術を許可して欲しい」と言う依頼がありました。

そのまま手術を受けられるかどうかの確認の意味で血液検査をしていただきました。すると、肝臓の数値が異常に高く、肝臓の状態が落ち着くまで手術ができないが、落ち着いたら出来るだけ早く手術しましょうと言われました。

しかし、私は周りの犬たちが手術後すぐに体調が思わしくなくなり、手術数日後に死亡した例を何例か見ており、その他色々なことを考えて私たちは手術をお断りしました。

ただし、患部が肺なので、呼吸困難で苦しい最期を迎えるのは避けたいと思い、何か方法はないかと探しておりました。

●難病とは原因が見落とされた疾患

ブログやSNSで肥満細胞腫と診断されたと記事にしたところ、たくさんの方々から勇気づけられるお言葉、有益な情報をいただきました。

しかし、完治したケースを見つけられず、むしろ暗くなるような情報しかなかったので、がっかりしていたところでした。

そんなとき、私の父もまた肺がんと診断され、何とか二人に元気になって欲しいといろいろな本を読み始めました。その中に安保先生の本があり、三大療法に頼らず、免疫力を最大限に活かす医療に納得し、父がこの医療を受けられるところはないかとインターネットで調べていました。すると、偶然、須﨑動物病院が動物医療で安保先生と同じ様な医療をしていると知り、父より先にガッツの診療を申し込みました。幸運なことに、須﨑先生から父に最適な病院を紹介していただき、二人とも望ましい医療を受けることになりました。

私が感銘を受けたのが「難病とは、原因が見落とされた疾患のことです」という言葉でした。「だから、一頭一頭、真剣に向き合わないと、治せるものも治せなくなるのです。当院には、肥満細胞腫の治し方はありません。しかし、この子において、『肥満細胞腫と診断された症状の原因』を除去する方法なら、調べればわかります」と言われ、ワラをもすがる思いで、デトックスを実践しました。

食事療法も、ストイックな方法と、簡単にできる方法を選ぶことができ、仕事のある私は簡単にできる方法を教えていただき、免疫力を高めるリラックス法や、免疫力を高めるマッサージもお教えいただきました。

一番辛かったのが「一日一食」でした。食べ過ぎは腫瘍の原因を増やしますといわれましたが、お腹が空いたとうったえるガッツの目と闘うのは辛かったです。

●デトックス中にステロイドを使ったら

　須崎先生には、一番最初に「体内の根本原因が抜けない限り、あっちが腫れたり、こっちが腫れたりしますが、それは途中経過ですので、ご心配なく。症状を気にしても、何も解決しませんし、何か原因あっての結果ですから、結果だけを見つめても仕方ないのです。これまで、症状に焦点を合わせる取り組み方しかしてこなかったから一般的に肥満細胞腫は治らないということになっているわけなので、とにかく症状ではなくデトックスに集中してください。そのためには…」ということで食事を見直し、いろいろ気をつけました。

　しかし、2ヶ月経ったころから、身体のあちこちにふくらみが出来てきました。須崎先生からは心配ないと言われたものの、心配で念のためホームドクターの所に行ったところ、「ステロイドを使いましょう」と言われ、使ったところ数日で気になるふくらみが消えたのです。

　安心して今度は須崎先生の所に診察に行くと、「あの～、ずいぶん身体にいろいろな病原体が入っていて、免疫力の指標が軒並み落ちているんですが、何か思い当たることあります？」と言われ、ステロイドの使用を正直におはなししたところ、「ステロイドを使うということは、病原体に対して闘う気満々の白血球を口にガムテープを貼り、手足を縛って『どうぞ、病原体さん、身体を好きなだけ蝕んでください』といっている様なものなんです。ですから、闘った証の症状は出ませんし、その代わり今回みたいに身体がボロボロになっていくんですよ。せっかくデトックスが進んでいたのですが…」と怒られました。

　今まで私が調べてきた常識とはまるで違うので、不安はあったのですが、でも肥満細胞腫で死ぬときはどうなるかとか、そうならないためにはこうするという具体的な方法があったので、もう一度気持ちを切り替えて取り組むことにしました。

●体力があれば、デトックスは効果大

ステロイドを止めると、また体中に肥満細胞腫らしきものが出てきて、不安で不安で仕方なかったのですが、とにかく須﨑先生を信じて体内デトックスに励みました。そうすると、心を入れ替えてから2ヶ月目で、あのシコリが1つ消え、2つ消えして、3ヶ月目には1つも見あたらなくなりました。あれから1年が経ちますが、今のところ何1つシコリは出来ていません。

　須﨑先生の「デトックスが終了するまでに体力が持たないほど身体がすでに蝕まれている子は別として、通常の体力があれば、飼い主さんがしっかりデトックスにご協力くだされば、病気は治る可能性が高いのです」というお言葉が非常に印象的でした。私もあきらめない気持ち、既成概念にとらわれない柔軟な思考を学ばせていただきました。ガッツの診療でしたが、私自身が勇気づけられた様な気がします。ありがとうございました。

うちの子はこの食・生活が効きました!!

①難しくない手作り食

②一日一食

③症状に一喜一憂しない知識と心構え

④徹底的なデトックス

⑤ガッツ特性スープ
（ガッツの体質に合わせて作っていただいたキノコと海藻、色の濃い野菜と大好きな肉・魚のスープ）

⑥免疫力を高めるリラックスとマッサージ

6章

医師からのこんな宣告に悩んでいます

断脚しないと死ぬと言われて悩んでいます

名前：ケンタ
犬種：紀州犬
年齢：13歳

●内臓に原因がある可能性もあります

条件が変われば結果（症状）が変わりますし、同じ結果でも原因が全く異なることもあります。ですから、ここでの話はあくまでも参考にしていただくという原則をあらかじめご理解ください。

その上でお話しさせていただきますと、骨肉腫の場合、まず西洋医学的にもヒトの場合は化学療法や補助療法を組み合わせて、断脚せずに腫瘍を排除することが可能になっています。ですから、同じことを愛犬においても出来る可能性はあるので、ぜひかかりつけの先生にご相談ください。

私の経験でお話しさせていただきますと、まずがん・腫瘍と診断された場合、その病巣もしくは離れたところに何らかの感染・汚染があることが多く、それを取り除くことで治癒に向かうことを経験することがあります。

その観点で骨肉腫を診させていただくと、内臓に強い感染があることが多く、神経・経絡を介して症状が出ている可能性があります。「風が吹けば桶屋が儲かる」の例えを当てはめると、儲かっている場所（腫瘍のある場所）が骨だとすると、風が吹いている場所（原因）が他にあるのではということです。しかしこのように身体を探るには、東洋医学的な診断に精通している獣医師に診てもらうしかありません。しかしもし、骨に根本原因がなく、症状が出ているだけだとしたら、根本原因を取り除くことで問題が解決する可能性があります。

余命宣告されて悩んでいます

名前：コナ
犬種：ミニチュアダックス
年齢：14歳

●余命宣告を信じる必要はありません

繰り返しますが、条件が変われば結果（症状）が変わりますし、同じ結果でも原因が全く異なることもあります。ですから、ここでの話はあくまでも参考にしていただくことが原則です。

その上でお話しさせていただきますと、獣医師の余命宣告は適当ですし、正確に判断することはできませんので、気にせず、希望を持って目の前の課題に集中して取り組んでください。

残念ながら獣医師の中には、最悪の状態を伝えて相手に恐怖とあきらめの心をもたらし、結果的になくなってしまえば自分のミス（仮にあったとしたら）は責められませんし、治ったら治ったで名医の称号がもらえます。こんな理由から余命宣告をする獣医師が中に入るのです（全てというわけではありません）。

獣医師ならば、「この状態なら大丈夫でしょう」と思っていた子が急に悪化して亡くなったり、「この子はもう無理だろう」と思った子が数年後にピンピンしてやってきたりということを経験し、そのたびに自分の無力さを感じながら、謙虚な気持ちをもって診療をやっているはずです。

また、自分の発言がどれだけ影響力を持っているかがわかっていれば、不用意に余命宣告なんて出来ないはずですし、最初から負けるつもりで戦いに挑む格闘家はいません。何とかして妙案を思いつこうと必死になるのが、獣医師ではないでしょうか？

三大療法はしたくないのですが、強くすすめられます

名前：モカ
犬種：トイプードル
年齢：8歳

●納得できない治療を受ける必要はありません

条件が変われば結果（症状）が変わりますし、同じ結果でも原因が全く異なることもあります。ですから、ここでの話はあくまでも参考にしていただくという原則をあらかじめご理解ください。

化学療法は骨髄抑制に繋がり、放射線療法も、化学療法以上に免疫力が低下するという報告があります。手術は免疫担当細胞が運ばれる血管・リンパ管を切り、その細胞に指令を送る神経を切ります。がん・腫瘍になった場合、トータルとして免疫力を高める必要があるのですが、三大療法のどれもが免疫力を低下させる可能性が高いのです。

日本と違って自由に情報交換できる海外では、もう三大療法と代替療法の採用率を比較すると、代替療法の方が多いのです。日本はある理由により、正確な情報が広がりにくい国なので、必ずしも適切ではない情報を多くの方が信じています。

おすすめできることは「転院」です。それが物理的にかなわない場合（離島など）、こう伝えてみてはいかがでしょうか？「先生の真剣なお気持ちはわかりますが、私の親族が三大療法をやってみな苦しみながら死んでいきました。副作用はあるかもしれないけれどこれしかないということはわかっておりますが、心理的に無理です。ごめんなさい。覚悟を決めました。今までありがとうございました」

大切な愛犬のためですから、勇気を出してがんばってみてください。

免疫力を高めるサプリメントをすすめられていますが高額のため悩んでいます

名前：レオン
犬種：ウエストハイランドホワイトテリア
年齢：15歳

●サプリメントよりデトックスです

条件が変われば結果（症状）が変わりますし、同じ結果でも原因が全く異なることもあります。ですから、ここでの話はあくまでも参考にしていただくという原則をあらかじめご理解ください。

その上でお話しさせていただきますと、ほとんどの場合不要と考えております。というのも、当院にはたくさんのがん・腫瘍と診断された子達が来ますが、そのほとんどが、その子の許容範囲を超えた感染があり、免疫力を強化しただけでは改善が難しかったり、感染部位に異常緊張から生じた血行不良があり、それが原因で問題を排除しにくい可能性があるケースが多いのです。

このような場合、私の経験では、デトックスと血行改善を行うだけで状態が良くなることが多かったです。

このことがわかるまでは、私も人並みに免疫力を高めるサプリメントを使っていたのですが、やはり高価な割に有効だったりそうじゃなかったりと、当たり外れが大きかったため、積極的にすすめることをためらっていました。しかしこのことがわかってから、効果があったり無かったりする理由がわかりましたし、それをコントロールできる様になったため、免疫力を高めるサプリメントを使わなくなりました。

私は経験上、免疫力強化よりもデトックスの方が優先順位は高いと考えていますし、両方やった結果、やはりデトックスです。

「がん」の処方食を食べないと死ぬと言われて悩んでいます

名前：ラン
犬種：パピヨン
年齢：13歳

●「処方食でなければ死ぬ」とはいえません

条件が変われば結果（症状）が変わりますし、同じ結果でも原因が全く異なることもあります。ですから、ここでの話はあくまでも参考にしていただくという原則をあらかじめご理解ください。

その上でお話しさせていただきますと、必ずしも「がん」の処方食でなければならないということもありません。がんの処方食の特徴として、①糖質の制限、②高たんぱく質、③高脂肪　などがあげられます。

まず1の糖質制限ですが、この制限の必要性を疑問視する声が多いのです。というのも、なぜ糖質制限するかというと、通常の細胞は糖質と脂質を両方エネルギー源に出来るのですが、がん細胞は糖質を主にエネルギー源とするため「糖質を制限すれば、がん細胞に栄養が届かず、増殖防止になるだろう」という考え方です。

しかし、血糖値は最優先で維持されるため、食事として供給されなくとも「筋肉分解→アミノ酸が肝臓で糖新生→血糖値維持」という経路で、体は糖質供給ができる仕組みになっています。また、このために筋肉が細くなり、血流障害や冷えが起こり、肝心の免疫力の低下がおこります。

また、ヒトのがんの食事療法は、活性酸素の発生を抑制するため、脂肪の制限が主流の今、高脂肪食は疑問です。

安全な食材でつくる手づくり食が何よりもオススメです。

脾臓に腫瘍があり、脾臓は取っても問題ないと言われて悩んでいます

名前：ベル
犬種：雑種
年齢：９歳

●無駄な臓器はありません

条件が変われば結果（症状）が変わりますし、同じ結果でも原因が全く異なることもあります。ですから、ここでの話はあくまでも参考にしていただくという原則をあらかじめご理解ください。

その上でお話しさせていただきますと、まず、脾臓の主な役割ですが　①リンパ球を作る　②造血機能（大量出血や骨髄抑制時）　③古くなった赤血球の破壊　④血液の貯蔵機能　などがあります。

２００９年７月31日号の『Science』誌によれば、マウスの脾臓には免疫防御や組織修復に欠かせない単球という白血球が血液中の10倍も含まれていることがわかりました。

アメリカ解剖学会（AAA）次期会長のジェフリー・ライトマン氏は、次の様にコメントしています。

「このような研究結果は驚くことではない。役立たずと言われ続けた臓器でも、その役割を理解できるほど医療科学が発達していなかっただけという事例は歴史上にたくさんある。切除しても生きていけるという考え方は非常に危険だ。健康な臓器をむやみに切除すると、大きな代償を払うことになる可能性がある」

同様のことが２００７年、盲腸の時もありました。

少なくとも現時点において、脾臓は有っても無くても良い臓器ではないということです。「取っても大丈夫ですよ」という言葉にはお気をつけください。

将来生殖器系の「がん」になるといけないから不妊手術をした方が良いと言われ悩んでいます

名前：コタロウ
犬種：雑種
年齢：2歳

●病気は別の方法で予防すればよいことです

条件が変われば結果（症状）が変わりますし、同じ結果でも原因が全く異なることもあります。ですから、ここでの話はあくまでも参考にしていただくという原則をあらかじめご理解ください。

その上でお話しさせていただきますと、例えば道行く女性に同じことを言ってみたらどのような反応があると思いますか？「最近、女性の間で卵巣のう腫とか子宮筋腫になる方が増えているようですよ。そうならないためにも、今、健康なうちに卵巣と子宮を取っておいたらいかがですか？」きっと、ぶっ飛ばされると思います。

子宮や卵巣は単に子供を産むための臓器に過ぎないというわけではありません。完全に独立して機能している臓器などはありません。

かつて盲腸（虫垂）は何の役割も果たしていないから切っても問題ないとされ、虫垂炎になれば即、手術で摘出されていました。しかし現在、虫垂は免疫器官として非常に重要で、かつ、食物の消化を助ける善玉菌の貴重な貯蔵庫でもあると認識が大きく変わり、今では炎症が生じても内科的治療で散らしてできるだけ切除を避けるようになってきました。

不妊手術はあくまでも人間がペットを飼う際に扱いやすいようにするための手段であり、病気予防の観点からの安易な除去手術には疑問が残ります。病気は別の方法で予防すればいいことだと思うからです。

飼い主が質問すると獣医の機嫌が悪くなるのですが…

名前：ライム
犬種：ブルテリア
年齢：9歳

●質問できる獣医さんに転院するのも一案です

これは、人間の医師の世界でも同じなようですが、「一方的に話し、飼い主さんの声にまったく耳を傾けない」獣医師は残念ながら実際にいるようです。

当院では、飼い主さんに実際に自宅でやっていただくことがいろいろあるため、理解していただく必要があり、そのために私の話を理解していただいているかどうかを逆にこちらが質問したりして、確認しているぐらいです。

今まで、いろいろかわいそうな飼い主さんをみてきましたが、どうも、飼い主さんが質問すると機嫌が悪くなったり、怒ったりするタイプの獣医さんは、いくつかのパターンで診療をしていらっしゃることが多いようで、そのパターンから外れると自分のペースで診療ができなくなることが怖いようです。

また、時々いらっしゃる、上から目線の獣医師は、総じてプライドが高いため、「獣医師に質問するなんて許せない」と思う方もいらっしゃるのかもしれません。

私は変わった獣医なのかもしれませんが、飼い主さんの不安や心配が愛犬に与える影響を知っているつもりです。だからこそ、飼い主さんにはしっかり理解していただいて、自宅ケアに取り組んでいただきたいと思っています。そういう観点から申し上げますと、質問する飼い主に機嫌が悪くなる獣医がいることは残念な気持ちになります。

「鼻から肺に腫瘍があるから安楽死を」といわれて悩んでいます

名前：マリン
犬種：ヨークシャーテリア
年齢：16歳

●飼い主さんが納得する選択を

マリンは、鼻から肺にかけて腫瘍があると診断されたため、担当獣医師が「最期は呼吸困難で苦しみながら死ぬ可能性が高いから、安楽死を選択して苦しまないうちに死なせるという選択もありますよ」と獣医師なりに気を遣われたのだと思います。

このタイプの腫瘍は抗がん剤も効きにくく、放射線も当てにくく、さらに手術対応もしにくいため、安楽死が選択肢の優先順位上位に上がることは珍しくありません。

基本的には飼い主さんが選択することです。辛い最期を迎える可能性があっても、あきらめずに闘うか、辛い思いをさせるくらいならと考えるか、どちらにも理があると思います。ですから、飼い主さんが納得しやすい方を選択していただけたらと思います。

ここからは、あくまでも当院での話なのですが、通常「呼吸器の腫瘍」と診断された子で、三大療法以外の選択肢を探して当院にお越しくださるのですが、ほとんどが空気感染する病原体が呼吸器にいることが疑われ、その感染を取り除き、組織修復を促すことで、状態が改善してくることは珍しくありません。

もちろん、除菌には体力が必要ですし、除菌途中で力尽きる子もいますが、元気な子でしたら、除菌という選択肢は大いに有効ではないかと思います。あきらめない方には試す価値ありです。

獣医師に手作り食を反対されたことがあります

名前：コロン
犬種：ヨークシャーテリア
年齢：13歳

●手作り食で栄養バランスは崩れません

当院で診療したコロンちゃんは生まれたときから手作り食で、13歳まで非常に元気だったのですが、ある日突然歩き方が不自然になり、飼い主さんが触ったところ、オッパイの所にシコリがあるのを感じ、かかりつけの動物病院に行ったところ乳腺腫瘍と診断され、摘出手術を行いました。

術後の食事の相談をしたときに、「腫瘍専用の療法食を食べてください。手作り食なんかを食べるから乳腺腫瘍なんかになるのです」と強くいわれ、手作り食を食べさせることを禁止されました。

ちょっと考えればわかる、当たり前のことですが、自宅で材料から作った食事が、インスタントフードに質の点で劣ることはあり得ません。あるとすれば、わざわざネギを入れるとか、腐った食材を使うとかしない限り、問題はありません。

時々、栄養バランスを不必要に心配する方がいらっしゃいますが、私は10年間食事療法専門で診療をしてきて、単なる食べ過ぎの子や、感染等が原因で消化吸収に問題があって具合の悪くなる子はいましたが、栄養バランスが崩れて病気になった子は見たことがありません。コロンちゃんも当院で手作り食に戻し、元気に回復しました。

どうしても手作り食を理解してもらえない獣医さんの場合は、食事療法に精通した別の獣医師に相談するのが一番早くて正確なのではないでしょうか。

セカンドオピニオンを受けようとすると阻止されました

名前：ラムネ
犬種：ゴールデンレトリーバー
年齢：9歳

●いろいろな意見を聞く権利があります

ラムネちゃんも当院で診療した子です。ラムネちゃんは下あごに腫瘍が出来、かかりつけの動物病院で摘出手術をし、病理検査をした結果悪性黒色腫（メラノーマ）と診断されました。かかりつけの獣医さんからは、再発防止のために、かわいそうだけれどあごを切除しましょうといわれました。飼い主さんは「様子をみさせてください」とお願いしました。

すると1ヶ月も経たないうちに、摘出手術をした部分に再度腫瘍ができ始めました。しかも元の大きさよりもさらに大きくなった腫瘍を見て、かかりつけの先生はあごの切除を提案しましたが、飼い主さんは「他に方法はないか？」と、セカンドオピニオンを受けたいと伝えました。すると「そんな時間は無い。今やらなかったら死ぬ。手術以外の選択肢はない」と言われ、取り方によっては「セカンドオピニオンを受けさせないようにしているのでは？」と感じたそうです。

昨今は、セカンドオピニオンは当たり前のことで、当院もセカンドオピニオンでいらっしゃる方が非常に多いです。担当獣医師には、適切にセカンドオピニオンの意向を伝えないと「俺のいうことが納得いかないって？」という印象になってしまうこともあります。「先生のことは信頼していますが、家族が複数の意見を聞きたいというので、すみません…」と、双方に気を遣って、安心できる情報を入手なさってはいかがでしょうか？

もう、手の施しようがないと言われました。あきらめきれないのですが…

名前：サクラ
犬種：ラブラドールレトリーバー
年齢：10歳

●あきらめる前に情報収集を

少し補足が必要ですね。サクラちゃんは、それまで元気で動物病院とほとんど縁のない生活を送っていましたが、ある日突然鼻血を出し、翌日、血を吐き、血便が出て、急に元気がなくなったため、慌てて近くの動物病院に行ったそうです。

獣医師の判断で緊急開腹手術が行われ、その結果、腸間膜リンパ節が腫大しており、腎臓と肝臓にも腫瘍が転移していたそうです。

手術後獣医師に「もう手のほどこしようがない状態です。うちの病院では何もできません」と言われ、途方に暮れたそうです。

数日前まで約10年間元気だったので、急に体調が悪くなり、検査的開腹をしてみたら末期がんで何もできませんと言われたら、飼い主さんも「何か他に打てる手はないのか？」とお考えになるのが普通と思います。

この状況を克服するために必要なのは、飼い主さんが情報収集するしかありません。当院も、他院でさじを投げられた子達がたくさんやってきますが、体調をチェックした上でデトックス療法を始めると、きちんと反応してくれ、体力のある子は余命宣告を吹き飛ばして健康を取り戻す子がたくさんいます。

ご自身の限界を素直に告白してくださる獣医師にはその正直な対応に感謝しつつ、打つ手を豊富に持っている獣医師に相談することが、一番早くて正確なのではないでしょうか。

犬に食べさせてはいけない食材

●香辛料

嗅覚の強い犬は、香辛料など香りの強い食べ物を好みません。もちろん、平気な犬も多いのですが、デリケートな犬の場合は食べると胃腸に刺激を受けて、下痢をするなどのトラブルを起こす可能性があります。

基本的にはあまりおすすめしませんが、薬効があるといわれるハーブなどを手作り食に加えるときはほどほどに。犬が嫌がらない程度の量なら、与えてもいいでしょう。

●お菓子

犬はもともと甘党ですから、お菓子を与えると喜んで食べます。しかし、人間と同じように糖分の多いものをとり続けると肥満につながり、生活習慣病を誘発する原因になります。

特にチョコレートに含まれるテオブロミンは心臓や中枢神経系を刺激して、ひどい場合はショック状態をもたらします。

おやつには甘い野菜を活用するなどして、お菓子はできるだけ食べさせないでください。

●消化の悪いもの

イカ、タコ、カニ、エビなどの甲殻類は下痢の原因になる可能性があります。ただ、食べて苦しんでいるときは動物病院に連れて行くべきですが、下痢をしても元気なら心配はいりません。消化できなかったのだなという程度に受け止めてください。

タウリンなどの有効成分を含むこれらの食材は、体質改善にも有益です。細かく刻んで煮込んだり、ひと手間かけて食べさせれば問題はないでしょう。

●ねぎ類

長ねぎや玉ねぎ、あさつき、ショウガ、ニラ、らっきょう、ニンニクなどのねぎ類には、アリルプロピルジスルフィドという赤血球を破壊する成分が含まれています。そのため食べると血尿が出るようになり、貧血を起こします。これが、タマネギ中毒と呼ばれる症状です。

ただし、今回、「がん」に効く食材としてニンニクが紹介されています。与えるときにはあくまでも少量にとどめてください。

もしも、貧血状態に陥るようなら、迷わず動物病院に連れて行く他、ニンニクを与えるのを中止してください。

●消化器を傷つけるもの

加熱した獣骨や魚の硬い骨は消化器に刺さる可能性があります。一般的には、生のものは安心して与えられるといわれていますが、もちをのどに詰まらせる人がいるように、やはり中には刺さってしまう犬もいます。

そうなると手術を受けて、取り除くしか方法はありません。

硬い骨をかじったために、歯が折れてつらい思いをしている犬はけっこう多いものです。

カルシウムの供給源は骨の他にも海藻や野菜など、いろいろあります。心配なら与えないこと。与える場合は、圧力鍋でポロポロになるまで煮込んでから食べさせましょう。

●その他

生卵の白身に含まれるアビジンという成分は、ビタミンの一種であるビオチンの吸収を阻害します。長期にわたって大量に摂取すると、疲れやすく食欲不振になり、皮膚炎を起こす場合も。卵を与えるときは、加熱してから食べさせましょう。

じゃがいもの芽には、ソラニンという中毒を起こす物質が含まれています。芽が出たらすぐに処分して、犬が知らないうちに食べてしまったということのないように気をつけてください。

カフェインには、不静脈を起こす危険性があります。コーヒーや紅茶、緑茶は積極的に飲ませるものではありません。

終わりに

私はこの本を書くにあたり、非常に心配したことがあります。テーマがデリケートなものであるため、「誤解無く、適切な情報を提供できるだろうか？」と、かなり気を配って執筆したつもりです。

私は可能性があるなら、いかなる方法も否定しません。既存の方法でも、新しい方法でも、有益な方を選択するべきだと思っています。ただ、当院の事情は特殊で、「辛い治療を受けたくないので、既存の方法以外の選択肢」を探して来られる方がほとんどです。人間より寿命が短いとはいえ、一日でも長く生きて欲しいという想いは、どの飼い主さんも一緒で、希望があるならそれに賭けてみたいし、それが叶わないとしても、せめて最期は苦しませたくないと思うのが普通ですし、なんとかその想いにお応えしたいと、他の獣医さんと同様、「何か画期的な方法はないか？」と、日々模索しております。

当院では「この子のケースでは、根本原因が何で、何が起こっていて、今、何をすべきなのか？」を探り、それを排除する診療に取り組んでいます。もちろん「自分が絶対だ」などといううぬぼれた気持ちは無く、まだまだ検証すべきことがたくさんあると思っています。しかし、実際に改善するケースを経験しているため、「この方針が役立つケースはゼロではないのでは？」とも感じています。

このたび、講談社さんのご厚意で、これまでの経験をまとめる機会をいただきましたが、表現力の限界で言葉足らずの部分もあるかもしれません。どうかこの本の内容を盲信せず、愛犬の健康回復の一助となればと思います。今まで、多くの飼い主さんに育てていただきました。これからも、謙虚に日々努力・精進し、検証を続けていくつもりです。最後までお付き合いくださり、ありがとうございました。

Information

フード・サプリメント
食材の心配をせずにすむフード、補う以上にデトックスに焦点を合わせたサプリメントにご興味のある方は、須﨑動物病院ホームページにアクセスしてください。

無料メルマガ
手作り食の体験談や最新情報をパソコン、携帯のメールマガジンで情報発信中。ホームページから登録してください。

本格的に学びたい方へ
愛犬を手作り食で健康にする情報を真剣に学びたい方のために、通信講座「ペットアカデミー」を運営中　【URL】http://www.1petacademy.com/

ペット食育協会
気軽に勉強したいという方のために、各地で「ペットの手作り食入門講座」を協会認定インストラクターが開催しております。食を通してペットの快適な生活を支援することを目的とし、食育についての知識を広げるインストラクターを育成し、適切な知識の普及活動を行っております。【URL】http://apna.jp/

◆お問い合わせ◆
【須﨑動物病院】
〒193-0833　東京都八王子市めじろ台 2-1-1　京王めじろ台マンション A-310
Tel.　042-629-3424（月～金　10～13時　15～18時／祭日を除く）
Fax.　042-629-2690（２４時間受付）
PC ホームページ　http://www.susaki.com
携帯ホームページ　http://www.susaki.com/m/
E-mail.　pet@susaki.com
※病院での診療、往診、電話相談は完全予約制です。
【ワンズカフェクラブ】
ペット食育協会上級インストラクター、ペット栄養管理士、栄養士の資格を持つ諸岡里代子さんが店長を務める、犬の手作りごはん専門店。人とペットの食を通して、おいしくて楽しいごはん時間の演出、ペットの食育の輪を広げる場の提供、普及活動を行う。
http://www.rakuten.co.jp/wans-cafe/
Tel.　092-215-0211　Fax.　092-215-0212
E-mail.　wans.cafe.club@m4.dion.ne.jp

須﨑恭彦（すさき・やすひこ）

獣医師、獣医学博士。東京農工大学農学部獣医学科卒業、岐阜大学大学院連合獣医学研究科修了。現、須﨑動物病院院長。薬や手術などの西洋医学以外の選択肢を探している飼い主さんに、栄養学と東洋医学を取り入れた食事療法を中心とした、体質改善、自然治癒力を高める動物医療を実践している。メンタルトレーニング（シルバメソッド）の国際公認インストラクター資格を活かし、飼い主さんの不安を取り除くことにも力を注いでいる。九州保健　福祉大学客員教授、ペット食育協会会長。著書に『愛犬のための手作り健康食（洋泉社）』『ネコに手づくりごはん（ブロンズ新社）』『イヌに手づくりごはん（ブロンズ新社）』『かんたん犬ごはん〜プチ病気・生活習慣病を撃退！（女子栄養大出版部）』『7歳からの老犬ごはん（MCプレス）』『愛犬のための　症状・目的別食事百科（講談社）』『愛犬のための　症状・目的別栄養事典（講談社）』がある。

問い合わせ先

【須﨑動物病院】

〒193-0833　東京都八王子市めじろ台2-1-1　京王めじろ台マンションA-310
Tel.　042-629-3424（月〜金　10〜13時　15〜18時／祭日を除く）
Fax.　042-629-2690（24時間受付）
E-mail.　pet@susaki.com
※病院での診療、往診、電話相談は完全予約制です。

STAFF

レシピ考案：諸岡里代子
調理：今野弘子、山田裕子
装丁・デザイン：吉度天晴、渡邉由美子
取材・文：こいずみきなこ
イラスト：藤井昌子

愛犬のためのがんが逃げていく食事と生活

2009年11月30日　第1刷発行
2022年12月13日　第10刷発行

著　者　須﨑恭彦
発行者　鈴木章一
発行所　株式会社講談社
東京都文京区音羽2-12-21　〒112-8001
販売　TEL.03-5395-3606
業務　TEL.03-5395-3615

KODANSHA

編　集　株式会社講談社エディトリアル
代　表　堺 公江
東京都文京区音羽1-17-18　護国寺SIAビル6F　〒112-0013
編集部　TEL.03-5319-2171
印刷所　NISSHA株式会社
製本所　大口製本印刷株式会社

定価はカバーに表示してあります。
本書のコピー、スキャン、デジタル化等の無断複製は
著作権法上での例外を除き禁じられております。本書を代行業者等の第三者に依頼して
スキャンやデジタル化することはたとえ個人や家庭内の利用でも著作権法違反です。
乱丁本・落丁本は、購入書店名を明記の上、講談社業務あてにお送りください。
送料小社負担にてお取り替えいたします。
なお、この本についてのお問い合わせは、講談社エディトリアルあてにお願いいたします。

© Yasuhiko Susaki 2009,Printed in Japan
N.D.C.645　175p　21cm　ISBN978-4-06-215508-3